海客述奇

中国人眼中的维多利亚科学

吴以义 著

商务印书馆

目　录

播犁地士母席庵 (British Museum)

自 序

鸦片战争以来，西学成了中国历史发展的一个新的，但却至关重要的因素，曾国藩称千年未有的变局。以后的洋务自强、御辱图存、变法、革命、五四至于今日数十万人游学海外，无一不与西学密切关联。百多年来西学在中国传播扩散，影响深入到了政治、经济、社会、文化的各个层面。

这本小书讲述的是一个伟大过程的一个片段、一个方面。时间选在同治光绪年间，即 1865—1880 年，届时国人接触西学之初；地点选在英国，是为当时西洋发达的首善之地；主人翁是七八位中国的读书人；而主题却是这些人对科学观念及其技术应用的反应。

近代科学是西欧基督教文明的产物。和任何一种思想体系一样，科学观念和西洋文化有着深刻的不可须臾或分的联系。科学又是近代技术发展的基础，而技术作为物化了的观念，又以物质力量向外传播扩散，逼使所有人，不论文化背景、社会地位、性情喜恶，必须面对这一扩张。这和当年佛教传入中国的情形不太一样。同光年间中国人所遭遇的，就是这种物化了的外来文化，愿与不愿，识与不识，必须与之周旋；而他们赖以或者对抗拒绝或者消化吸收这种外来文化的，则是行了数千年的传统和圣贤的教导。中国士人对科学技术的反应因此成了这两种迥然不同的文化最初接触、相互搏击的一个特别令人注目的关节。

这本小书就是想透过这些人的眼睛，看看维多利亚英国得以傲视同侪称霸全球的科学以及与之相联系的观念，看看这些科学观念从一个文化进入另一个认知结构完全不同的文化时最初的情形。材料全部取自他们的日记，而且常直录原文，文字并不艰深，读者可以透过自己的咀嚼，尝到原味。本书作者不敢妄称研究，但似乎由此可以躲过"束书不观，游谈无根"的恶名，可以对严师畏友交代了。

本书写作出于林富士兄的推动，内子也时时有所帮助，特此致谢。本书出版，正逢家母八八华诞，谨以为寿。先前曾以关于库恩的规范理论研究和牛顿的学术传记祝嘏，均以过于枯燥而未博慈颜一乐，而这次力矫前衍，并颂吾母更登期颐。

吴以义

引　言

　　1877 年 1 月 25 日下午，小雨初霁，郭嵩焘带着译员张德彝走上伦敦街头。郭是慈禧、慈安太后钦点的钦差大臣，中国首任驻英大使，三天前才到伦敦就任。旅途劳顿，诸事繁忙，一时颇感不支。于是决定出去走走，一则看看伦敦的风俗人情，二则也轻松一下，活动活动筋骨。一路上"车马滔滔，气成烟雾"，街巷洁净，楼宇参差，逶迤到了一个街口，只见左边马路对面好一座华厦，岿然独立。青石为壁，饰以雕琢，或花卉，或人物，精美异常。郭大使正看间，迎面走过来两位洋人，径与张德彝搭话。

　　郭大使颇感意外，但见其中一人虽然目

光有些阴沉，态度倒还和气，另一人则仅仅微笑额首，觉得不妨可以谈谈。此二人自称居住伦敦多年，是日无事散步，看见中国大使和译员，特来致意。郭大使答礼以后，请教姓名，才知道一位叫福尔摩斯，一位叫华生。据张德彝说，福先生专门为人办案，常能发人所未发，补官府疏漏，昭彰正义，而站在旁边微笑安详的华先生是个医生。郭大使看时，福先生果然有些枭鸷之气，为人排忧解纷，当是游侠一类的人物，而华医生却怎么看也不像是个走方郎中。正忖度间忽然觉得奇怪："此二人初次相见，何以知道我们的身份？"等到德彝用番语向福、华两先生提出此一疑问时，福先生粲然开颜，颇是有搔着痒处的神态，滔滔不绝，说了半天。郭大使不谙洋文，只好耐心等他说到了一个段落，听张德彝译出大意。

原来福、华两人在和德彝搭话前已留心观察郭大使许久，福先生解释说："从你们的相貌衣着，以及盘于头顶的辫子，知道你们是中国人。你们在看马路对面的圣保罗大教堂时表现出了相当的吃惊和赞赏，表明你们以前没有见过这座伦敦市中心区最著名的建筑，由此推知你们是这两天才到伦敦的中国官员。我还注意到焘大人对身边这位年轻人时时有所咨询，所以猜想他对伦敦了解较多，但他在回答大人问话时态度很是恭谨，因此该是一位译员。既然我假定他是译员，那么如果我用英语直接和他交谈，应该不会有太大的困难。于是我即贸然试探，结果果然证明我的判断是真实的。"言毕微笑，欣然有得色。

郭大使对德彝说："英人观人为事细密如此，颇合于古人所谓的'月晕而风，础润而雨'、见微知著之意。且推理精妙，非通《易》者不能领会其奥意，此所谓智者也。"

福先生细听德彝转达郭大使的称赞后，并不十分以为然，反而进一步解释说："贵大臣的评论颇有见地，但仍有所未达。我刚才所做的，并不是把观察结果和已知事物作简单的比较，求其同一而演绎出结论，而是运用了一整套科学方法。这套方法非常重要，无坚不摧，无远弗届，鄙国昌盛，所赖殊多。请允许我作进一步的解释：先是细致地观察，利用观察所得和若干已知的知识，如我们早先知悉中国大使这几天将到伦敦，再作推理，得出一种假说，即假定这位年轻人是大人的译员。如果这一假说为真，那么他一定懂英文。再以此为基础作一试探，结果他果然朗朗作答，合于我先前的推断，于是得结论，断定贵大臣为焘大使无疑。"

郭大使并没有十分听懂，但想，我等身份，竟被看破，洋人狡黠，果不其然。于是答道："所论甚精。但一意竭尽心机以窥他人虚实，不合于鄙国温文敦厚之旨。且如何预先知道本大臣近日将抵伦敦，又为何不知我姓郭而一再称鄙人为'焘大人'？"

福尔摩斯对郭大使的前半段回答完全没有听懂，尤其是"温文敦厚之旨"更不知为何物。对郭大使的后两个问题也颇感意外，遂答道："大使莅临的消息由《泰晤士报》刊布，人所皆知；但大使姓郭，我们实在是不知道，而且大小报刊一概以为贵大臣姓焘，官名'郭嵩'，如何骤然将姓和名颠倒，令人费解。如有冒犯，尚祈宽容。"

郭大使觉得这一洋人尚称恭顺，但对于自己何以不姓"焘"却觉得无从说起。看看马路对面的圣保罗教堂巍峨高耸，却既非祖庙又非皇宫，内心充满疑问但又觉得无从问起，于是有些茫然，和福先生再寒暄了几句，也只好匆匆告别了。

聪明的读者早已看出，上面的对话其实是本书作者的杜撰。但十九世纪六七十年代骤然离开抚育他们的传统文化，进入番邦异域的中国人所遭遇的困惑和困难，由此或者可见一斑。他们的迷茫苦痛误解偏见，若以历史的观念来分析考察，则该不是幼稚和可以鄙薄的笑话，而是沉重和发人深省的经验了。

离开父母之邦
去侍奉鬼佬的人们

十九世纪六十年代中期的上海，商贾云集，华洋杂处。开埠才二十年，这个原来隶属于松江府的普通市镇竟一蹴变成了全国数一数二的大城市。太平军和清军在上海周围苏、皖、浙、赣地区长达十年的苦战，又迫使这些地区的富户挟资逃往由洋人保卫的上海。于是市面更臻繁荣，市列珠玑，户盈罗绮，酒楼笙歌，竟让人忘记了二十年前的耻辱，十年来的苦难。从旧城东北角豫园假山上的望海楼，可以远眺黄浦江。风帆漠漠之外，又有洋船，巨舰艨艟，旌旗灿烂，夺人眼目。出北门三五里，就是洋泾浜，再北是苏州河。在这两条河之间狭长的地块上，洋人建造了不少楼房，鳞比高耸，整齐精严，俨然国中之国；而洋泾浜一线，从打狗桥到八仙桥，商贩操着中文化了的英文和洋人讨价还价，竟也事事成交，颇发利市。困惑也好，妒忌也好，趋炎附势也好，痛心疾首也好，在十九世纪六十年代中期的上海，没有人再会怀疑洋人的威势、财富和力量了。

1866年3月19日将近中午的时候，风恬浪静，英国火轮船"行如飞"缓缓驶入上海港。下午两点，这艘长二十二丈的巨轮在县城边金利源码头稳稳停住，岸上鸣炮，这是奉派出国游历的前山西襄陵县知县，副护军参领衔，三品顶戴，内务府正白旗汉军斌椿和他的随员到了。随行的有他的儿子，内务府笔帖式广英；同文馆英馆学生六品顶戴正黄旗蒙古凤仪，字夔九；镶黄旗汉军张德彝，字在初；法馆学生七品顶戴 s 镶黄旗汉军彦慧，字智轩。在蒙蒙细雨中，四乘官轿把他们接到了新北门外洋泾浜西北盆汤衙的汪乾记丝茶栈。一路上杂花摇曳，浦树含滋；比及进城，本地小轿、洋人车马，熙熙攘攘，让这几位北客很是领略了一番江南妩媚的早春和都市的繁华；晚餐是姜芽虾蟹、春笋鳞鱼，水果是甘蔗梨橙。想一想这几天在英国船上吃的饭菜，用张德彝的话说，"熟者黑而焦，生者腥而硬，鸡鸭不煮而烤，鱼虾味辣

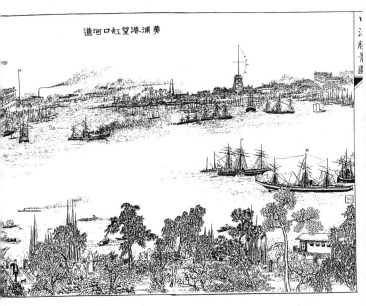

图1　郭嵩焘、张德彝出国时的上海港。（选自吴友如，《申江胜景图》，光绪十年(1885)序本）

且酸"，自是不可同日而语。

斌椿一行出国，起因说来也是偶然。先是，在中国任职总税务司的英国人，赫德（Robert Hart）要回英国省亲，向当时主持洋务的恭王辞行，顺便提到可以带几个中国人随他一同去欧洲游历，一开眼界，一长知识。恭王对这个洋员印象本来不错，加上十多年来办理交涉事件，消息不通，处处暌隔茫然，痛感派员到外洋探其利弊的必要，以期以后可以"稍识端倪，借资筹计"，所以很是支持这个计划。随即奏请圣旨，同治帝谕"依议，钦此"，于是付诸实施。

有了皇帝的批示，贯彻执行似乎没有问题了。其实不然。派几个同文馆的学生去，这是没有问题的。这些学生已经学习了三四年洋文，对洋人礼节也称娴熟，当不会贻笑外邦。可是他们年纪太小，十八九岁，少不更事，总还要有个老成可靠的人带领。这件事情有点难。

传曰："父母在，不远游。"何况去父母之邦，孤身数人入不测之海，飘摇万里往腥膻之地，一般人当然是不肯去的。恐怕是出于赫德的推荐，斌椿成了这个游历团的领头人。

斌椿（1804—?　）是出身正途的读书人，常年在外地担任地方官，游宦各处，所以乡土观念大概相对淡一些。1864 年他六十岁的时候，应赫德之邀到总税务司帮办文案，即担任秘书之类的工作。儿子也在同一衙门任职。从他所交结的朋友看，斌椿对洋人的心态还算开放。他有诗叙述他同美国领事馆参赞卫廉士和同文馆教习丁韪良的交游，而当时号称通洋务的徐继畬、李善兰也和他有文字往还。个人的经历和个性，使得斌椿显得比一般人潇洒些。决定放洋时，斌椿写道："久有浮海心，拘墟苦无自，每于海客来，纵谈羡无已。……"现在他用不着羡慕别人了。

可是，在同治五年的春天，别人其实也并不羡慕他。放着舒舒服服的官不做，去吃风波浪险的惊吓，抛弃拳拳眷眷的父母妻儿，去侍奉黄须碧眼的洋人，在大部分人看来，是所谓铤而走险。

放洋出海，游历各国，其实是被逼出来的。从 1840 年中英在广东初次交手以后，中国人吃够了洋人的苦头。检讨种种失利之余，中枢痛感消息不灵，对洋人了解不确。中外暌隔，何谈知己知彼？昧于外情，岂能克敌制胜？现在既然有赫德带领之便，派几个人出去看看，考察山川形势、风土人情，当然是再好不过了。几经周折，斌椿一行从 1866 年 3 月 24 日离开上海，先后访问了法、英、荷、比、丹麦、瑞典、芬兰、俄国等十个国家。同年 9 月 28 日重返香江，稍事休整以后，整理出旅行日记，名之曰《乘槎笔记》。细看斌椿的笔记，内容虽然简略，但毕竟是中国读书人第一次亲身所历、亲眼所见的记录，似乎应该像我们今天报纸上常常看见的那样"引起轰动"。其实不然。这是因为在当时人看来，出洋除了风波险恶、食品腥膻之外，还有文化上的一重困难。自古以来，士子读圣贤之书，唯知忠君爱国、礼义廉耻而已，岂能去父母之邦，委身侍奉鬼佬异类？斌椿出洋，名为游历，而且官职卑微，目的又说是考察风俗道路，多少有些细作的味道，自然不必深责，但也绝对不值得张扬。斌椿回国以后，似也未得圣眷优隆，未闻有什么作为。除了在少数几个热心洋务的人当中，斌椿连同他的书就渐渐地被淡忘了，而在以后五十年中常常被人提起的，倒是他的随员，当时十九岁的张德彝（1847—1918）。

从陪同斌大人出访起，张德彝不断地出使西洋各国，1868年随志刚、孙家谷访问欧美十一国；1870年随崇厚出使法国，为天津教案道歉；1876年随郭嵩焘出使英国，为马嘉理案道歉，并留驻英国四年，任中国领事馆翻译；1884年任同文馆副教习；1887年总理衙门奏保即选知府，旋随洪钧，就是后来因为赛金花而更加出名的洪状元，出使俄、德、奥国。四年后回国任总理衙门英文正翻译官，次年任光绪帝英文老师；1896年再赴伦敦任使馆参赞直至1900年；1901年往日本任使馆参赞，是年冬以三品记名副都统任出使英、意、比国大臣，并兼任驻红十字会全权大臣；至1906年4月回国任正白旗汉军副都统，次年升任镶蓝旗蒙古都统。在驻外期间，张德彝不断地撰写笔记记录游历见闻，名之曰《述奇》，一而再，再而三，三而四，直至《八述奇》，备述海外山川风景，人物习俗。回国后颇见信用，1911年任北洋大学山西西学学生阅卷大臣，廷试阅卷大臣。清亡后以遗老的身份蛰居北京，1918年去世。

张德彝是同文馆的首届学生，家境清寒。说实在的，要不是家境清寒，他也不会放弃正途而报考同文馆。1858年的《天津条约》

规定三年以后所有中外条约一律采用英文，为应对此一要求，清廷设同文馆，招收旗籍子弟，发给银两，鼓励学习，培养外语人才。可是当时一般士人对于和洋人打交道还很鄙视，称之为"侍鬼"，所以不是十分窘迫，家里也不至于让他上同文馆，——开学的第一年，1862年，尽管再三动员，一共只有十个孩子来馆报到，尴尬的情形也就可以想见了。一转眼四年过去了，这个十九岁的年轻人已经是六品顶戴，为国家挑起外交重担的要角了。

随斌椿的游历使张德彝大开眼界。1866年5月15日抵达伦敦，当日的日记长达两千多字，见闻涵盖了"街巷整齐"的市容到金碧辉煌的水晶宫，经验从让洋人剃头，"香水淋额，清润而洁"，到从墙壁上的皮筒里点火吸烟，巨细无遗。以后在英国停留的四十天里，他观看了外科手术、歌剧马戏，游览了皇宫古迹、工厂煤窑。到同治五年九月底随斌椿回到北京时，张德彝恐怕已经是中国人当中对西洋经验最多、了解最深的少数几个专家之一了。

同治前后十三年，除了最初的三四年，中国一般老百姓感觉总的还算不错，——至少和咸丰年比是安定兴旺多了。咸丰末年，太平天国占了东南半壁江山，丰腴膏润的两江和长江一线，尽入人手，大清社稷几乎不保。而就在这个时候，洋人乘人之危，从通州打过来，又让北京人吃了不少惊吓，城里的往外跑，城外的往里逃。对于捻军，所谓明火执仗的匪类，历史上有的是可以借鉴的故事，朝廷也有章法成例可循，或剿或抚，虽说时有争论，大的方略总还是祖宗早已定下来的。这洋人的事却是棘手。先是说北上换约，再是从天津一路打过来，所向无敌，说战实在是连招架之功都没有，说抚则更是无从措手。洋人或是狂悖傲慢，无法与之理论，或是狡黠阴贼，让人莫测高深。就说咸丰十年，洋人占了北京，朝野都以为洋人将有大动作，结果洋人倒也没有屠城，和恭王在礼部大堂吃了几顿饭，竟然又排着队回天津去了。这就让北京人更摸不透洋人葫芦里卖的是什么药，更害怕了。可是以后这几年，洋人却真的没什么动静，北京的老百姓都认为多半是恭王驾驭有方，洋人也怡然就抚了。接着咸丰帝龙驭上宾，四凶就擒，然后湘军在南方连连得手，击败了太平天国，一时大有六合平定，将相和谐的景象，史称同治中兴。

可是就在这中兴的年头里，恭王正在为夷务大伤脑筋。六年前他留守京师，亲见洋枪洋炮，几个月里，无坚不摧。僧格林沁的蒙古马队、胜保的常胜军，原来不堪一击。几个月的磨练，把他原来的想法全改过来了。他是当家人，知道柴米的价钱。要用中国的军队和武器去跟洋人拼，以忠信为甲胄，礼义为干橹，那是笑话。但筹办夷务的困难，还有另外一面：当时大多数人真的相信忠信礼义是足以克敌制胜的法宝。朝廷内外，朝野上下，多数人，尤其是德高望重、正色立朝的读书人，对洋务的看法和他大相径庭。两三年前，他提出办同文馆，开制造局，学洋人之长以制洋人，就掀起了大浪。后来总算赖着太后老佛爷的宸断把学校办起来了，可是仍是种种窒碍，洋务还是不得手。现在看来，还是要派人出洋，亲眼看看，一可以增加洋务派的知识，二也可以夺倭艮峰之流的口实。

倭艮峰就是倭仁，姓乌齐格里氏，道光九年进士，改翰林院庶吉士，真正的正途出身，现在是文渊阁大学士，本朝读书人唯其马首是瞻的宰辅。他无论如何也不能相信行了几千年的孔孟之道会行不通。他的意见就是全体读书人的意见，不是可以随便不理，要驳也不容易，非要有让大家都看得见的实据才好说话。现在正好有个机会，和前些年赫德带斌椿一行出国游历约略相似：

原来担任美国驻华公使的蒲安臣（Anson Burlingama）卸任回国，在中国官员送行的宴会上，表示愿意为中国出力。这就送来了一个机会。

蒲安臣虽是按他英文名字的发音译得的，倒也还名副其实。恭王说他处事和平，能知中外大体，曾经协助中国，悉力屏逐，极肯排难解纷。而在同治六年的年底，恭王所焦虑的是，1840年以来和各国签订的和约，又快到延期修约的时候了，上回咸丰末年的大乱，还不就是修约起的头吗！如果能未雨绸缪，先派蒲安臣带着练达老成、勤谨圆通的官员去换约各国，一则于驾驭各国之方不无裨补，二则也可以了解一些外情，拿些个必要学洋人的实证回来，灭一灭倭艮峰的口。

这回选的是志刚。志刚字克庵，头衔是花翎记名海关道，当时是总理各国事务衙门的章京，在衙门里管文书，辅佐堂官，对洋务尚称谙悉。更难得的是,恭王说他"朴实恳挚,器识闳通"。另外一员同行的章京是汉员孙家谷,也称平和,所以和蒲安臣一同出国考察办理交涉,应当妥协稳当。和斌椿走马看花不同,志刚、孙家谷一行,从 1868 年 1 月 5 日离京到 1870 年 11 月 21 日回京,对西洋十一国作了从容的考察。在派遣志刚、孙家谷出国的文书中,明白规定他们是钦差大臣,于是排场气象自然和斌椿又不同。在上海先有从人安排寓所,人还没有到,已见"无数行李,堆着一地",连后来曾孟朴写《孽海花》,还提到了钦差应洋人使馆之邀参加了花会,着实铺叙了几句。

和英美驻上海的使节们忙着为志刚、孙家谷送行几乎同时,在香港另有一人也在悄然预备远行,或者用他自己的话来说是"避祸"。这人就是王韬。王韬(1828—1897)字利宾,苏州甫里人,早慧,文名颇籍。和一般士子一样,王韬读书应试,但功名上始终没有什么成就。这一定让他很失望，因为无论根据师友对他的称誉，还是他对自己的期许，他似乎都应该是栋梁一类的材料。没奈何，浪迹青楼酒馆，俨然名士风流。后因家事偶至上海，见着洋人的船舰楼房，接触到了西洋的书籍观念，竟觉得"洋人亦人也"，终不见得如当时大部分人所认为的那样"不可与语"，旋经人介绍进了墨海书馆。在这家地处上海旧城和租界之间棋盘街的书馆里，王韬颇是结识了一些"西儒"，而这些人当时正忙着把西洋的科技文化翻译介绍给中国。王韬的工作，是把西儒半通不通的翻译改写成为中国读书人可以接受的文章。以王韬之才学，充"佣书"的苦役，当然心有不平。不平则鸣，可是当局者似乎对他不屑一顾。当时清军和太平军正在上海附近打得难解难分，王韬因为探亲，回乡进入了太平军控制的地区，遂向太平天国苏福省逢天义刘肇钧上书献策。不料他灭妖的奇计未见采用，陈条却落入清军手中，他本人也被通缉甚急。不得已，利用墨海书馆的老关系，投托英人的庇护，远飙香港，这就是他自己所说的"避祸"。1867年，在香港与他合作了五年的理雅各（James Legge）博士回英国探亲，随后来信邀王韬也往英国以便继续他们的工作。在同治六年的冬天整治行装匆匆就道，为"避祸"而窜奔番邦时，这位江南才子已近不惑之年了。

和斌椿、志刚一样，王韬读的也是正统儒学。虽说未能入流，他儒学的根基实在决非那些汉军旗子弟可以稍望项背的。从他的日记和日后发表的文章看，他对传统的经史子集有广泛的了解，对若干专题如春秋朔闰至日，还有精湛独到的研究。在英国，他虽说未见得终日惶惶然如清廷所说的是个在逃的嫌犯，但毕竟没有张德彝之辈所享有的便利，见闻自然没有奉旨游历考察者广。但是和王韬接触的洋人，颇不乏史学家和汉学家，而日常佐译汉文经典的工作，又使得他有相当的机会和闲暇来阅读思考，对洋人观念看法的了解自然会比官方派遣的访问者来得深切客观。留意这一点，就很容易理解为什么这个自称韬光养晦的布衣比那些官拜三品的显贵们在历史上留下更深远的影响了。

图 2　王韬到达英国时的伦敦。（选自 Eklisee Reclus, *Londres illustre*, 1865）

王韬在英国一住两年，因祸得福，成了最早涉足西方，领略西洋文明的中国文化人。回到香港，一边办报，一边著述，先史后文，从普法战争到宋明传统史观，从科学知识到狐鬼神怪，从严肃的政治经济理论到荒诞庸俗的游冶猎艳，无所不谈，一时声名大振。另一方面，时过境迁，清廷对他的态度也渐渐松动，1882 年回乡扫墓，两年后终于结束了二十三年的流亡生活，"卜筑三椽春申浦上"，回到了上海，稍后主持格致书院凡十年，以病殁。

二十五六岁时，王韬曾自书居室，"短衣匹马随李广，纸阁芦帘对孟光"。他当时当然没有想到，不仅"随李广"立功国家的宏愿不酬，就连"对孟光"的闲适祥和生活也未成可能。他这一辈子似乎注定是窘困蹇连，漂泊流离，但他的才智学识却是从一开始就为人赞赏注目。1856 年郭嵩焘为曾国藩帮办军饷途经上海，过墨海书馆，见着王韬的这副对子，认为有"奇致"，在日记里抄录之余，还颇是与王韬攀谈询问，引以为同调。

郭嵩焘（1818—1891）在咸丰六年看见王韬时毫不客气地称之为"王君"，这当然是因为他确实比王韬大了整整十岁，另外也因为他当时已经是湘军统帅集团中的一个举足轻重的人物了。

和他的同乡挚友曾国藩、刘蓉、江忠源比，郭嵩焘发达甚晚，直到三十岁才中试，列二甲三十九名，赐进士及第，旋改翰林院庶吉士。稍后丁忧，正碰上太平天国运动，他于是随湘军参与了对太平军的作战，也因为这一机缘到了上海。但是，无论从个性还是学问来说，郭嵩焘都是一个书生，不能适应军旅，曾国藩说他非繁剧之才，可谓知人。咸丰后期，郭重入翰林院，值南书房，又逢英法联军入侵，他被派往僧格林沁大营帮办军务，却未见有大建树，倒是与"僧帅"闹得老大不高兴。这一场战争一定给他很剧烈的刺激，很深的创痛。三年前在上海第一次见着洋人，他即为其楼船精耀夺目，器具新巧迷人所"震诧"。现在夷兵竟然无坚不摧，打得僧格林沁丢盔弃甲，咸丰帝弃城而逃，逃到热河，最后弃天下养。在郭嵩焘看来，这洋务直是关系国运世祚的性命之学了。咸丰八年至十一年，嵩焘有论洋务，论海防，论御夷之道，论和战，论东南夷祸，论夷务之失，论以理、以情、以势御夷十数折，显然已经不再是直觉地震诧而已。同治初，出为苏松粮道，转两淮盐运使，最后做到广东巡抚，锐意整顿地方，很想有所作为，富国强兵。但嵩焘为人，直拙偏拗，担任一方长官却很难与人共事。办盐务时已和部属不协，到广东任巡抚，正碰着老上司毛鸿宾在当两广总督。案清制，巡抚辖一省，总督辖数省，总督管巡抚似乎没有问题。但朝廷为了便于牵制督责，又为总督、巡抚各设检查弹劾对方的权力，于是督抚常同水火。毛、郭当然也不例外。在巡抚任上郭嵩焘又续娶常熟名门钱氏，不料玉帛变干戈，不及一月亦闹得不可开交，钱氏一气之下回娘家去了，而粤省上下人言籍籍。升巡抚，见毛鸿宾，娶钱氏，本来是金榜题名，他乡故知，洞房花烛三喜临门，但在郭嵩焘手里，竟成了灾难，一直惊动中枢。接着又和老友曾国荃抵牾，和儿女亲家左宗棠闹翻，随后被奏参多次，再和新任总督瑞麟闹翻，直到交卸了巡抚的职务，回乡闲居才算了事。

郭嵩焘回乡一住八年，执教书院，但通过曾国藩的长子曾纪泽和外界仍然保持着密切的联系。这八年的乡居，给了郭嵩焘一段安静思考的时间，他从局外人的角度，对时局和洋务作了深入细致的考察，他为论洋务的书写序，上折子论修约，特别是论天津教案，确实时有高于常人的见解。

1870 年发生的天津教案确实是十九世纪

后半期清廷筹办夷务时所面临的种种错综复杂的困难的一个缩影。先是，天津的法国天主教堂欲借办育婴堂结好中国人，有送婴儿来者，不问来历，全给酬金。于是有不法之徒，迷拐盗窃婴幼儿，送往育婴堂求赏，而地方则甚为儿童迷失无踪可寻所苦。在育婴堂方面，洋嬷嬷收受婴儿后，却又常常不能妥善照顾，致使不少孩子病死；孩子死后又未能妥善掩埋，尸体暴露荒野，甚至被野狗撕咬破碎，狼藉残缺。于是百姓哄传洋人骗得中国孩子，剖腹剜心，于是民情汹涌，直指洋人略同于兽类。6月21日，法国领事丰大业（Herry Fontanier）为此往三口通商大臣崇厚处交涉，咆哮不可理喻。归途中遇见天津知县刘杰，破口大骂，开枪击伤刘知县的随从，围观百姓为其所激，一拥而上，殴毙丰大业，并放火将天津的教堂、育婴堂和领事署等外国机构烧毁，混乱中打死洋人二十多人。洋人威胁开战报复，清流派人士激昂请缨，清廷穷于应付。洋人狂悖，对中国欺凌压迫无所不至，中国的虚弱、百姓的愚昧和士人的虚矫，尽然交织错综见于此案。清廷用曾国藩处理，几经周折，对洋人虽然达成妥协，但国藩所确定的委曲求全的方针始终为朝野清议不容，曾本人也心力交瘁，不久黯然去世。

　　郭嵩焘是少数几个同情、支持曾国藩妥协的人。除了对于国力对比有清醒的认识以外，嵩焘还表明他对于洋人也有迥异于他人的见解。当时一般人认洋人为异类，无所谓忠信礼义可言，所以尽可以用诳骗拖延欺诈的手段。即如王闿运这样见识颇广的人，也认为郭"既谓夷狄兽心，不可理论，而又欲使曲在彼，譬与犬斗，而使负曲名，欲其不噬，以为得制夷之道，谬矣"。又如李鸿章辈，在当时也以为对洋人的办法就是"打痞子腔"，而曾国藩当即表示颇不以为然。郭和曾国藩类似，认为洋人也是人，对洋人同样要讲究诚信，于是洋人也可以理喻。以此为基础，他认为既有条约，就要严格遵守。而洋人的西教，尤重好生，应该不会有公行戕生之理，所谓剜眼剜心，当无确证。

郭嵩焘何以会形成这样卓然不群的观念，尽管有很多精彩的研究，但至今仍大有需要作进一步解释的地方。至于他本人，却是在当时就被主持洋务的恭王认定是"洋务精透"。1874年，郭嵩焘奉诏进京，慈安、慈禧太后召见，眷遇优隆，授福建按察使，这可能是当局希望用他处理台湾、福建等处涉外的海防事宜。郭本人也颇是积极参与其事，和当时在京的洋员如丁韪良（William A. P. Martin）、威妥玛（Thomas Francis Wade）频频会晤，上书恭王论海防，论台湾善后、论福建架设电线，表现出对洋务深入的了解和极大的兴趣。

郭嵩焘往福建时，日本在台海正咄咄然步步紧逼，而清廷苦无善策对付。为求万全的救时要策，总理衙门草拟了一个条陈，寄发沿江沿海的各个总督巡抚大员，限期回奏。1874

至 1875 年冬天，以此一廷寄为契机，有十五名官职在督抚以上的官员复奏发表了意见，形成了自 1867 年辩论是否设立同文馆以后讨论洋务的又一个高潮。光绪元年四月二十六日即 1875 年 5 月 30 日，总理衙门对此作了总结，主张进一步推进洋务。同日，命李鸿章、沈葆桢、左宗棠分掌北洋、南洋和西北防务。正在这时，西南又发生了所谓的滇案，英人马嘉理（Augustus R. Margary）等四人在"游历"中遇袭身亡。事情发生在边远荒蛮的云南，冲突的真实情形究竟如何，实在无从着手调查清楚。但对方是称霸世界的大英帝国，中方当然只有赔礼道歉的份儿了。是年 8 月，诏命郭嵩焘充任出使英国钦差大臣，往英国道歉并留驻伦敦。此一任命传出，立即激起轩然大波，亲近友爱者惋惜劝阻，疏远不识者痛恨詈骂，在家乡湖南，应试的考生竟结集要砸郭氏宗祠，放火烧他的家。9 月 6 日两宫召见，慈禧太后温谕非常，"旁人说汝闲话，你不要管他。他们局外人，随便瞎说，……你只一味替国家办

图 3　伦敦报纸报导郭嵩焘到任时刊登的漫画。（选自
Punch, or the London Charivari, 1877 年 2 月 10 日）

事，不要顾别人闲说，横直皇上总知道你的心事。……这出洋本是极苦的差事，却是别人都不能任。"郭嵩焘自己后来说，两宫太后说到如此，他只有"感激懔遵而已"。

他所要去的英国也是女主。1837年十八岁的女王登基时，英国正是国运昌隆，如日中天的时代。大英帝国称霸世界的一百年中，维多利亚（Alexandrina Victoria）独占六十四年，而十九世纪简直就是维多利亚的世纪。英国的钢铁、煤炭、机械、纺织，无不雄踞世界第一。船坚炮利的海军正横行五大洋，无远弗届；在遍布海外的殖民地，大英帝国的米字旗，名副其实地永远在灿烂的阳光下飘扬。维多利亚时代的辉煌，一如郭嵩焘后来注意到并反复强调的，"无一不来自于学问"。就在郭嵩焘到访前的三四十年间，英国学者把人类对于自然的认识几乎全部刷新了一遍。十九世纪三十年代，法拉第（Michael Faraday）把对电的研究正式变成了一门独立的学问。对于电流的研究，尤其是电磁感应的发现，以最隐秘不宣的方式把人类带进了一个全新的世纪。以此为起点，1858 年威廉·汤姆森（William Thomson）即后来的开尔文男爵完成了穿越大西洋的海底电缆；1865 年麦克斯韦（James Clerk Maxwell）则从理论上预言了电磁波。二十年后，实验验证了这种看不见、摸不着的波的存在，再二十年，无线电通信，广播，以及以后的电视、雷达，还有我们现在日日利用的手机、微波炉，几乎是日新月异地产生出来。在天文学方面，科学家用碳电极产生的强烈的电弧光模拟演示了太阳光的种种效应。十九世纪五十年代初，斯托克斯（G. G. Stokes）由此在剑桥阐明了光谱中的吸收谱线的意义，使得用光谱研究遥远的天体成为可能。郭嵩焘到达英国前，威廉·哈金斯爵士（Sir William Huggins）和约瑟夫·洛克耶爵士（Sir Joseph N. Lockyer）利用这一方法发现太阳里有一种在地球上从来没有见过的元素。与此同时，生物学正在经历一场真正的革命。以 1859 年达尔文发表《物种起源》

为中心，自然学者、探险家，殖民主义的军人和商人，骗子和海盗，走遍了天涯海角，搜寻各种各样的标本样品。大英博物馆和皇家动物园里充斥着从地球的各个角落运来的珍禽异兽、骨骼化石。郭嵩焘知道他所面对的是十几年前一举攻占北京城，打得咸丰帝龙驭上宾的极其凶顽的英夷，但他一定没有料到他将要看见的是一个绝非他所能梦想到的新世界，一个由声、光、电、化为代表的实学所创造出来的全新的世界。

和当时很多读书人一样，郭嵩焘很早就有记日记的习惯，除非有特别的变故，决无中断。在出使前后，他在日记里记录了准备工作：家庭的安置、人员的配备、两宫的训示、同志的讨论。为了让国内尽量详细准确地了解外情，清廷要求除了正式的公文以外，驻外使节还要将所撰写的日记送呈，备用参考。在伦敦一住三年，郭嵩焘以钦差之尊，优游于伦敦的上层社交圈。饮宴游乐，往来应酬自不必说，特别值得留意的，是参观博物馆动物园、实验室天文台、观看科学演示、访问工厂车间。所有这些，全是十九世纪七十年代中国士人闻所未闻，见所未见的，而与他交游谈论的，也多是当时伦敦学问界的一时之选。由此而引发的种种感想议论，连同对于所看见的种种物事的巨细无遗的描述，一起见于逐日记下的日记。日记既然不是正式的公文，行文自然自由一些，描述也较生动有趣。可惜的是，这些文字在嵩焘当时似乎没有什么读者，也没有引起特别的注意。倒是他在国外的行为和对洋务的看法却始终如一地是众矢之的。在伦敦任上屡被副使刘锡鸿弹劾，在北京又被清流派主将张佩纶痛詈。他所看见的，是没有人所看见过的；他所了解的，是没有人所能理解的；他所热烈鼓吹的，是没有人愿意附和的。任满回国，心灰意懒，郭嵩焘即奏请退休。整个十九世纪八十年代，这个中国当时对洋务懂得最多的人，在湖南家乡孤独地主持书院；除了偶尔参加些禁烟公社之类的政治活动以及有时给李鸿章写写信之外，著书授课而已。他懂得的比别人多得太多，所以只能孤独地死去。1891年春，郭嵩焘自知不起，在最后一篇文字的扉页上，这位首任驻英大使写道，"流传百代千龄后，定识人间有此人"。和他的很多议论一样，这一回郭嵩焘又说对了。

五六年后，当年被郭嵩焘当作年轻人而称为"王君"的王韬在凄凉的贫困中死去。他死得如此孤独，如此无声无息，以至于历史学家至今还不能断定他是什么时候死的，只能含混地说大概是1897年的上半年。至于下文中读者还要常常遇见的斌椿和刘锡鸿后来的境遇，我们所知道的就更少，或者只能用"不知所终"来向读者交代了。倒是翻译官张德彝，在番邦奔走王事二十多年，始终安分守己地记录所闻所见，一直活到了1918年，才作为清朝的光禄大夫建威将军寿终正寝。在他生命的最后时刻，张德彝曾"秘缄一纸属家人以届时启视"。他到底说了些什么，我们无从悬想。但是所有这些因为种种机缘命运的巧合而去国万里，深入诡秘离奇番邦异域的人们，在他们最后凝视抚育他们成长的父母之邦的时候，或者都会说，"我们曾经看见过怎样的景象啊！"

本章写作时参考了钟叔河为《乘槎笔记》写的前言，忻平著《王韬评传》，柯文著《在现代化和传统之间》，曾永玲著《郭嵩焘大传》，郭廷以等编《郭嵩焘先生年谱》，汪荣祖著《走向世界的挫折》，谨此致谢。

毓阿罗奇格尔家定司
Zoological Gardens
万兽园

同治七年二月初三即 1868 年 2 月 25 日，
蒲安臣带着志刚等人离开上海。先去日本，
小住十天，再往美国，比及 1868 年 9 月 19 日
到达英国时，这个中国历史上第一个现代意
义的外交使团出国已是将近有六个月了。从美
国到英国的海路，着实让志刚吃了些晕船的苦
处。"风狂浪猛，船身颠簸，水高于船，……
客皆仓皇失措，而使者之呕吐眩晕又不可为
矣。……诠伏忍耐，叹苦海无边而已。"好在
到了英国以后，公事日程颇是松懈，直到十
天以后才去见了英国外交大臣。其余时间，
虽然厕身大不列颠的首都，当时世界上数一

数二的最繁华的城市，却不敢到处乱闯，所以又觉得相当的无聊了。志刚在日记中解释说这是因为洋人到中国，"借游历为名，私行闯入"中国禁地，令人深恶痛绝，他于是要反其所为，不仅自己，还要约束从人，不去"私往游览"。

这时正恰英国著名的秋冬阴湿时节，"云来雾去，不见天日。"志刚自道像是鲁智深住在赵员外家，"闷煞洒家也"。大概是英国翻译柏卓安出的主意，说是有珍禽异兽可看，其处为通国和外国人游观之所，纯系卖票取利者，当无关碍，而且同行的同文馆翻译张德彝两年前随斌椿来时也曾去过。于是邀同行者数人，由柏卓安陪同，在同治七年八月二十二日即 1868 年 10 月 7 日往游伦敦万兽园。

万兽园位于伦敦西北的摄政公园内，当时其地还是伦敦的近郊。张德彝在日记中曾提到

图 4　志刚参观时的万兽园狮房。(选自 John Murray ed.,
Handbook to London as It Is, 1870)

要"行二十里"方才到达,当是。这是维多利
亚时代傲视各国的世界上最大、收容动物种类
最多最全的展览中心,估计有四足兽类五百余
种,鸟一千多种,另外还有近一百种爬行动物。
据十九世纪七十年代初出版的《伦敦旅游手册》
(*Handbook to London as It Is*)说,这个动物园
"是伦敦最为赏心悦目的一景,实为每个初访伦
敦者必游之地。"在这个动物园里,用玻璃和铸
铁建造的猴馆最吸引人,羚羊和斑马也是热闹

的去处，但是真正了不起的是埃及总督送的两只大河马，这是英国人以前所从来没有看见过的，还有新西兰来的无翅鸟，学名鸸鹋，也是闻所未闻的新鲜玩意儿。

从志刚当天写下的文字可知，这是他平生第一次看见狮子，而且颇为欣赏这一耳熟能详的猛兽，"气象雄阔，不愧称兽王。"被特别记录的是他称为"支列胡"的长颈鹿，"黄质白文如冰裂，形似鹿，短角直立，……身仅五六尺，前高后下，唯其颈长于身约两倍，仰食树叶，不待企足……"，他大概花了不少时间看长颈鹿，因此对于这他第一次看见的动物有详尽的描述：如何行走、如何进食。离长颈鹿不远是犀牛，"两目生于正面之上"，使他一下子明白了中国成语中的"犀牛望月"的来历："其势有不得不仰望者焉"。袋鼠大概也是第一次见到，而英国人引以自豪的河马则被他批削为"极蠢物也"，因此没有多作评论。对于被他误以为是"花驴"的斑马，和像猫那样吃鱼的北极熊，倒都有生动的记录。

然后看禽鸟。孔雀、锦鸡、鸳鸯都不稀奇，"皆中国物"。鹦鹉也平常，只是"率能洋语"，让志刚觉得可以一记。

志刚特别提到了看饲养者用小鱼喂海狗的表演。"海狗首似狗，灰色浅毛，有足无趾，尾如鱼。"饲养者每用小鱼诱之出水，并与接吻。志刚写道："是狗虽生于海，而亦知苟以求食也。"

这一天志刚一定是觉得大开眼界，当日的日记篇幅也特别长。除去两小段关于总署咨询山东平度州洋人开矿的事外，两千多字都在谈他在万兽园中所看见的新鲜事儿。但是作为一个弱国，一个屡战屡败，苟延残喘的朝廷的使者，志刚即使在看人人觉得可爱可笑的动物表演时，也会不自觉地体会出一缕凄凉：海狗庞然大物，可是为了乞食，也不得不苟且，做些它不想做的事。海狗何知，是志刚伤心人别有怀抱也。咸丰十年，英法联军攻陷北京。九月二十九日，洋兵六百人分四起入城，拱卫京师的大清劲旅兵丁万余，夹道跪迎，观者如市。十月初十，礼部大堂灯彩辉煌，陈设华美，恭王以下王公、中堂、尚书、侍郎、九卿及留京将领，礼服庄严，等候洋人来签和约。翘首伫立至于午后，洋人不来，全伙悻悻然散去，此时城西北正火光冲天，黑烟蔽日，是联军正忙于抢掠焚烧圆明园也。……这不过才八年。现在志刚在这一敌国首都，站在海狗表演池水荡漾的动物园里，种种委屈凄凉泛上心头，谁其言不是！

海防陆战一败涂地，祖宗社稷遭劫难受践踏以至于此，我们难道真的一无所有了吗？志刚并不那么悲观。从他自启蒙起所被教导的，至今仍然笃信不疑的哲学信条出发，志刚对这一洋洋大观令人目不暇接的动物园有另外一番看法。和大多数游客一样，志刚确实颇是被珍稀动物所吸引，被搜罗之繁富所震惊。万兽园里动物种类之多，"不知其名，不计其数，皆由轮船火车涉历地球之上，博收远采，以囿于园中。"似乎应该是应有尽有了。但是他注意看的，或者说注意搜寻的，是他所向往的"四灵"，即凤凰、麒麟、寿龟、神龙。而且，果不其然，行遍搜罗丰富如此的整个园子，没有。除了几只大小不等的乌龟外，没有凤凰，没有麒麟，也没有龙。为什么呢？在志刚看来原因是很明白的。他在日记中解释道，"通观之，或局兽于圈，笼鸟于屋，蓄鱼于池，其驯者，或放诸长林丰草间"——

> 虽然，博则博矣。至于四灵中麟凤，必待圣人而出。世无圣人，虽尽世间之鸟兽而不可得。龟之或大或小尚多有之；龙为变化莫测之物，虽古有豢龙氏，然昔人谓龙可豢者非真龙，……所可得而见者，皆凡物也。

四灵的说法最初见于《诗经·周南·麟趾》，诗云："麟之趾，振振公子，于嗟麟兮；麟之定，振振公姓，于嗟麟兮；麟之角，振振公族，于嗟麟兮。"这儿所说的到底是些什么，颇是费了后世学者的一番考究。大部分研究者认为，这是以麟为吉祥兽，用以比王公的子孙，是一支颂歌。而以《毛诗草木鸟兽虫鱼疏》名显后世的陆玑，还言之凿凿地说"今定州界有麟，大小如鹿，非瑞应麟也"，意思是说麟是一种动物，并非人们为应祥瑞而生造出来的想象，似乎他真见过。晚近的研究者多以为从远古以下，通常说的麟就是犀牛。到了宋朝，才有异说。绍兴乾道间的李石，心仪西晋张华，撰《续博物志》十卷。在第十卷中，他介绍了一种"驼牛"，说是"皮似豹，……颈长九尺，身高一丈余"。现在大家猜想他说的可能就是长颈鹿。明人马欢随郑和下西洋，回国后写了《瀛涯胜览》，说阿丹国有麒麟，"前二足高九尺余，后二足约高六尺，首昂后低，人莫能骑……"。这样看来，宋以后国人见识日广，从域外传闻到亲身西洋游历，相当一部分人把长颈鹿附会成麒麟。志刚不够渊博，没有读过这些旁门左道，他依照通常大家所说的，把麒麟当作祥瑞；而从中国的传统政治哲学的分析来看，这样的灵物不出现在一意依赖武力的英国人的动物园里，应该是很合理，是再自然不过的事了。

在我们的古书中，凤凰的记载较之麒麟要早得多。据郭沫若《殷契萃编》和《卜辞通纂》，殷墟甲骨文中就有"凤"字，象形，后来太皞氏以为图腾。以后出土的商铜觯，战国楚墓中的帛画、汉武帝墓的空心砖上的刻划，都有凤凰的图像，证据凿凿，看来不像是向壁虚构。倒是和麒麟相反，到了宋以后，凤凰的记录却渐渐从史集中消失了。这就使得有些学者，如湖南师范学院的刘诚，猜想凤凰是一种在一千多年前才绝灭的动物。但是大多数人似乎更倾向于凤凰是以孔雀为原型想象出来的神鸟。志刚心目中的凤凰似乎就是以孔雀为样本的。但他既然预设凤凰不是孔雀，自然就很难再帮他找到真正的凤凰了。他大概熟读了"凤鸟不至，河不出图，吾已矣夫"，从而只有感叹的份儿了。

幸好龟还有几只，或大或小，志刚却并不十分看得上；至于龙，则从本质上说就是不可见的，如可见就不是真龙。志刚所以总结说，在动物园里"所可得而见者，皆凡物也。"

志刚眼里的伦敦万兽园和当时的英国人眼里的、和现在所有人眼里的动物园全然不同；他所由此而发的感慨、感想，在我们看来也真是匪夷所思。论者每讥之为浅陋，其实恐怕不可以作如此简单的论断。志刚去今日一百四十年，时当中外暌隔，风气不开，他的见识也只能如此。在为志刚日记刊印本写的前言中，钟叔河先生很是嘲笑了一番咸丰年间朝廷关于三跪九叩礼节的争论。其实每个时代，每个文化都有其自身所珍视的东西，并不能跨越时代、跨越文化不加限制地品评。渊博如钟先生，一时考究未详，仍失去了历史感。2001 年 7 月 13 日，报载北京申办奥运会成功，"走向世界"，但同日又有新闻说石家庄市某公园置半裸雕塑于大庭广众之中，引起舆论大哗，于是砸毁雕像，众心乃安。在一百四十年后的今天，我们是嘲笑志刚的孤陋寡闻而赞美石家庄民风醇厚呢，还是检点我们的研究方式，以求更细致、更谨慎地考察历史的沿革，不同的文化相互冲突，进而相互渗透，相互糅合的过程呢？如果采用后者，我们就必须把志刚的反应看作是学习过程中的一个阶段，认识渐进发展链条上的一环。案近世关于学习过程的心理学研究表明，人之接受理解，只能在他固有的知识框架中进行。最初的认识模式当是比较同化，即把新鲜物事和主体已有的知识和概念相比较，求其同者，特其异者。志刚对于他所看见的异事，也循此一途径，将其解析变形，以使能和他已有的知识体系框架兼容，实在是自然的事。

　　案西洋对于动物的了解、认识，其实也有一个类似的过程。十六世纪中叶，科学革命尚未展开，苏黎世出生的康拉德·格斯纳（Conrad Gesner）编辑了一本《动物史》，洋洋洒洒三千多页，谈论介绍走兽、飞禽、鱼虫，极尽详备。到科学革命近乎完成的 1658 年，这本书由爱德华·托普塞（Edward Topsell）翻译改编，用英文在伦敦出版，皇皇三卷。伦敦人在这儿看见的，关于龙、独角兽、山鬼的浪漫描写与关于马和骡子的详实讨论赫然并列，以龙为例，读者会看到栩栩如生的图画，读到这样的描写：

　　　　有些龙有翅膀但没有脚，有些既有翅膀又有脚，还有一些既没有翅膀也没有脚，只是比一般的蟒蛇多了头上的垫和颊下的须。

图 5 带翅膀的飞龙，出于十七世纪欧洲人的想象。由此可知，对于神圣动物的种种奇谈，并非中国士大夫如志刚之流所专有。（选自 Edward Tospell, *The History of Four-footed Beasts and Serpents and Insects*, 1658 年伦敦印本）

托普塞同样征引了品达罗斯（Pindarus）关于大力神赫拉克勒斯（Hercules）在襁褓里和龙搏斗的事，还有主教多纳图（Donatus）如何为杀死一条躲在桥下吃人，吃牛、马和羊的龙而献身。在八开本十五页的篇幅中，作者从各个方面讨论了龙的形态、历史上的记载、文学典籍中的描述，无一遗漏；各种种类的龙，大大小小，绘形绘色，一如亲见。在这一点上，1551年的康拉德·格斯纳、1658年的爱德华·托普塞和1867年的志刚一样，把传说、轶事和真实的描述混为一谈，在这一点上，中外文化对于动物的认识没有什么本质上的不同。

真正有深意的，值得留心的区别在下一个，即哲学诠释的层面上。志刚很快发现，尽管英国人花了九牛二虎之力，碧落黄泉，把飞禽走兽都搜罗来了，却不能穷尽。因为天下事尚有"力所不可为者"。这就是志刚在动物园中所看见的，领悟出来的最令人安慰，甚至是令人鼓舞的事。英国人船坚炮利，可以一时所向无敌，但是他们绝不是无所不能的。英国人可以以"力"强占地方人口，但是绝不能征服世界，因为征服只有用"德"才能实现。凤之不至，龙之无形，便是明证。这种以"力"和"德"为基本范畴的历史分析法，在晚清一代学人中反复出现，直到王韬写《普法战记》而臻系统完备，直到严复引进进化论的史观而渐次淡化，最后消亡。当然，这是四五十年后的后话了。

志刚是一个受中国传统文化系统训练的官僚。他的国学根底未必有多深，但毕竟是十年寒窗，科举中试的正途出身，他的观感只能如此。与他同行的张德彝是同文馆第一期的学生，十五六岁起进同文馆，开始接触西洋文化，特别是谙悉洋文，所以在园内注意到了一些志刚没有看见的东西。

张德彝是在两年前，也就是同治五年初夏第一次访问伦敦的。也许是年轻，也许是第一次出使西洋，也许是没有钦差的头衔，也许是懂些洋文，张德彝到英国后没有志刚那么多的考究、顾虑。到达后的第三天，他就去了万兽园。和志刚一样，他首先感觉到的是"奇异难以殚述"。然而他很快注意到，每个兽笼"石屋两间，前有铁栅栏，上悬一牌云：物系何名，产自何处，因何人而携此。"在受过现代教育的人看来，这些说明标牌对于了解有关的动物、对于参观动物园，自有别事不可替代的意义。但是志刚没有看到，或者说他是视而不见。这也实在不能怪他——他不懂英文，所以看不出什么门道，只是记叙了当日的热闹而已。假定一位成年人和一个小孩一同去动物园，他们一定同样感受到园中热闹的气氛，但他们看见的、得到的信息却常是不尽相同。小孩看见的是热闹，成年人除此之外还会多少学得些知识：这些动物"系何名，产自何处，因何人而携此。"志刚不是不想看这些标牌，而是因为不懂英文而知难而退：他根本没有意识到这些标牌的存在；张德彝看了这些标牌，但止于了解了这些说明的字面意义："物系何名，产自何处"；至于与此相关的或由此发展出来的更深的生物学和哲学的意义，对于张德彝来说也仍旧是一种不可想象和不可理解的外在。

张德彝和志刚在虎咆龙吟的伦敦动物园里徘徊的时候，英国的学术界、思想界，甚至可以说是整个西洋世界，正在因为这些动物、植物震荡惴栗，数千年来积累发展的历史文化、信仰哲学正受到前所未有的质疑：正是这些动物、植物，正是这样的空前丰富的关于物种的知识，为达尔文提供了建立理论的事实依据。在动物园里面对千奇百怪的动物，张德彝和志刚或许觉得困惑莫名，他们其实不知道，在动物园外，在整个西方世界，人们正为此陷入了更加深刻的困惑，更加热烈的疯狂。

1866 年和 1868 年张德彝和志刚参观动物园时，正是这种冲突的高潮。1858 年 8 月，达尔文和华莱士关于物种起源和进化的论文在《林奈学会记录汇编》上同时发表，这是这一革命理论第一次走出达尔文和他的少数几个挚友的小圈子。次年 9 月，《物种起源》发表，这一明显的离经叛道的理论第一次被广大的公众所了解知悉。这个理论所处理的，是千百年来所有人都确信应该是由上帝来处理的问题；这个理论所动摇的，是西洋文化所赖以生存发展的基础。这一理论所引起的冲突之深刻剧烈，绝非我们这些生活在一百多年以后，在东方文化传统中长大的人所能稍许想象的。在关于物种起源的研究工作接近完成时，达尔文的最诚挚的崇拜者，他的表姐兼青梅竹马的妻子爱玛（Emma）在他的书桌上留下了一张字条。爱玛写道："……当你全身心投入研究，竭力争取掌握真理的时候，你是不会错的。但是，……在科学探索中养成的那种凡事没有证明即不能相信的习惯是否影响太大，因此对于其他一些不可能用同样方式证明的，或者那些正确的但我们所不能理解的事情就全然不能相信？……我并不要回答，只要写下来，我就心满意足了……"达尔文死后人们发现，这张纸条夹在一本他常常阅读的书里，纸条上多了一行达尔文写的字："在我死以前，我无数次地亲吻这封信，并为之放声痛哭。"

论文发表了，这一冲突从达尔文内心走向大众。1860 年 6 月，在牛津大不列颠学会关于进化论的讨论会上，威尔伯福斯（Wilberforce）主教和达尔文理论的忠实信徒和英勇捍卫者赫胥黎（Thomas Henry Huxley）的著名辩论竟然如此激烈，七百多位听众为之疯狂，一位女士当场昏倒。

面对这样的冲突，达尔文继续他的工作。1862 年他的环球旅行日记出版，正是这次环球旅行中得到的无比丰富的资料造就了他的进化论。1868 年，关于人类起源的书和其他几种包含更丰富的材料的进化论的书同时出版，使得进化论在科学上更加令人信服，因而在文化上和宗教上更加有必要给予痛斥。

这是怎样深刻剧烈的冲突啊！社会上不同的教派、学派之间，家庭中持不同观点的个人与个人，在创始人达尔文的内心，这一冲突震撼着整个十九世纪六十至七十年代的西欧。但是在访问大不列颠的中国人中，这一冲突未见任何反映。万兽园仍然是他们游览观光的首选。1877 年 2 月 4 日星期天，中国首任驻英大使郭嵩焘的如夫人梁氏即应金登干（James Duncan Campbell）夫人之邀往万兽园游玩。金登干是赫德手下在中国税务司工作的一个职员，实在是个能干人。1833 年生，以后游学德法，1862 年又到中国海关工作半年，因此认识了赫德。赫德这时正在为他的"中国海关驻伦敦办事处"物色人选，看了金某的学识人品，觉得"舍君之外当不作第二人想"。于是金氏从 1870 年起当上了赫德的驻英代表，帮办公私大小一切事务，这时正负责帮助中国大使在伦敦建馆。以金登干亲自出面陪梁夫人，当是赫德出于对中国大使的尊重而作的特别安排。而在梁夫人而言，这时才抵达伦敦十一天，当然也很享受了一下这奇特的"西洋景"。十天以后，光绪三年大年初二，大概是听太太说此园值得一游，大使本人也参观了这一皇家花园，并在日记中特别记下了花园的英文名"毓阿罗奇格尔家定司",即 Zoological Gardens。

这位郭大使素称思想开放,处处留心学习西洋文明,努力"色佛赖斯德"(civilized),被人讥为"不能侍人焉能侍鬼"而又"去父母之邦"。尽管老佛爷说他是实心办事的人,可后来连祠堂都差点儿被人砸了。值得留意的是,他初到英伦,参观万兽园时所欣赏因而在日记中有所记录的对象,与十年前志刚所见所记录的有令人吃惊的相似。先是狮子,"其二头及前身有深毛,后身无之,尾如牛尾而长;其三则状如虎而毛色如牛,皆稚狮也,……"然后是犀牛,然后是园丁喂养海马,然后是他称为高脚鹿的长颈鹿:"身长六七尺,足高八尺,颈长亦七八尺,头身斑纹皆如鹿,……"以后看鸟,五色斑斓,"白鹦鹉中有能为洋语,喃喃向人。"

在水族馆,看到"江豚十余头,中为石台,置两几其上,江豚跃出几上,向人拜而求食。"有感于园丁与猛兽狎玩，伸手探虎颔而搔其背，执草以招海马，纳拳于塘鹅嘴中，郭嵩焘写道，"《周礼》：服不氏掌养猛兽而教扰之，于此始见其概。"

郭嵩焘是拳拳服膺西洋文明的，对于西洋新奇巧淫也常以虚心向学的态度加以记录，此处的万兽园即是一例。他并没有像志刚那样，率然以中国传统文化的标准拒绝了西洋事物，但他在本质上却似乎也未能比志刚在探究西学方面走得更远多少。这一则或者是因为他此时到英伦尚只有不到一个月的时间，还没有来得及作深入的观察和缜密的思考，另外更深层的原因恐怕还在于，当时在英伦闹得天翻地覆的进化论在中国传统的知识结构和理论框架中没有适当的位子，中国学者，哪怕是最前进最开放的，仍没有探讨接受这一理论的准备。

其实在十九世纪六十至七十年代的英国，

几乎没有人能够完全置身于关于进化论和达尔文学说的讨论之外。郭嵩焘参观皇家花园时，陪同的就是达尔文的挚友约瑟夫·胡克（Joseph Hooker），其时正任皇家学会会长、皇家花园的主任，所以郭嵩焘称他为"英国雅博士"。胡克三代人致力于植物学研究，1839年结识达尔文以后，对于达尔文工作的每一进展都有深入的了解。1858年和地质学家莱尔（Charles Lyell）一同安排，同时发表了达尔文和华莱士的论文，对进化论的建立有直接的贡献。1860年又在自己的新著中明白支持达尔文的论点，并以新近的研究工作为进化论提供证据。郭嵩焘在他的陪同下看了从亚洲、非洲、澳洲和美洲引进的各种植物，并听胡克介绍了植物的地理分布。胡克还向郭嵩焘一行介绍了物种的细微变异，"茶花亦十余种，略视各花异样者折取之，竟累至二十余种。"据同游的刘锡鸿说，这些花后来还插成花篮送给了中国客人。但是没有资料表明，郭大使或他的同行人员曾问及进化论的事。倒是比他稍早一两个月，奉派往美国办展览会的李圭途经伦敦时在大英博物馆有一段有趣的讨论。在博物馆里，李圭看见有鸟"小于孔雀，文彩璨然"，好似凤凰。但洋人介绍说该鸟叫"都都"，现已灭绝。李圭大不以为然，于是反驳说：

> 西人每读吾儒之书，谓龙凤麟为圣人寓言，不信实有其物。……今观此都都鸟，既谓其古有今无，安知龙凤麟非古有今无乎？又安知都都鸟非即凤凰乎？

从中国学问看，李圭的这一反驳很是有力。据李圭自己说，当时接待他的是一位"扑非色(professor)，士子大着名誉，始有此衔"，也是"深服是言"。这位教授是真的因此就被说服，还是觉得无从说起，就无法考究了。

是年十月，郭嵩焘往牛津科学博物馆看化石："有头颈如鹅而身尾皆鱼，又生两翅。……

又鼍鱼上腿骨长逾丈，骨半为石，……云皆在开辟以前，其诸角骨，奇形诡状，不可殚述。"

在和平常的往来客人的交谈中，也常有如下的记录：

> 法尔格生自述英国兵船测量海道，曾附之以至中国。环地球一周，凡历三年有半。……由澳大利亚至新西兰又南行六千里至一岛，曰赫尔得，山有大鸟如鹅，成群不畏人，翅短不能飞也。所见此鸟为多，无居民，其他小鸟，亦皆短翅，苍蝇亦然，……予因语及多音比处见海中所得螺蚌之属数百种，有小如粟者，……问所得何物，法尔格生曰，有一事亦所宜考求者：有一种石易化石灰，西人以显微镜测之，盖皆小蚌结成，以此知开辟以前必系海地。……

光绪四年五月，他又在外科学院博物馆

参观，看见标本"凡数万品"，其中有一段记录如下：

其一院专储异兽骨，得之土中，为世所无。亦有巨鸟，五爪长尺许，胫骨如象而无翼，云皆出洪荒以前也。……弗娄尔取人手足指骨及诸鸟骨兽骨，下至鱼虫，以观其用，其理皆同。盖自腕骨歧分为五，亦各分五节，与鸟足无异，兽趾或五或三，或二或一，而胫骨之上亦常有五小骨相倚，而其下并合为一，是以其行疾而远。鱼翅之小骨相比，亦与人手足同。

这儿摘选的几段，是郭嵩焘记下的所见所闻，但未作任何评论。如果同进化论的论述比较，不难看出这实在是关于进化论最常见的证据和阐发。在皇家花园有胡克的植物分布，在牛津有灭绝动物的化石，稍后又有环游地球的见闻、无翅的鸟和昆虫，之后在外科学院又有人、鸟、兽、鱼的上肢骨的比较。有趣的是，这些被郭嵩焘摘记下来的异事，全都见于达尔文的《物种起源》，这似乎不能简单地归于巧合。

但是在郭嵩焘方面，他所记录的只不过是"异事"。对于进化论，对于当日剧烈的冲突，深刻的思考，洋洋洒洒的讨论，他一概熟视无睹，充耳不闻。现代科学的观念和结论，只有在它自身的系统中才有意义，才能被理解。零星摘取的个别论点和证据，只能作为"异事"，而不能作为文化被人理解和接受。

国人对于达尔文学说的介绍，始见于同治十二年闰六月二十九日的《申报》，报载："英国有博士名大蕴者，所撰各书为世所称。近又有《人本》一书，将次出版，盖以考宇内之人性情血气是否出于一本也……"据考证，这儿所说的《人本》当指1871年出版的《人类的由来及性选择》。从当时的通讯条件看，这一则报导不可谓不实时。但是达尔文的新书并未引起特别的注意，除了格致书院的英国传教士傅兰雅（John Fryer）在 1877 年秋季的《格致汇编》上提过几句，说人类"根源如何，亦于人无关紧要"外，直到二十年后严复的《天演论》，在中国也确实未闻有什么后续的发展，这则报导成了一个孤立的历史事件。

生物学的知识从博物学前进到进化论是一个质的飞跃。从博物学本身而言，对于愿意"多识鸟兽鱼虫之名"的中国学者说来并没有什么不可理解、不可接受。但是诚如黑格尔所说，一堆知识的聚集并不能构成科学。没有理论的框架、时间推移和演化的概念；没有对于演化的机制和动力的假说；没有比较和归纳的科学方法，进化论即无从成为可能。而进化理论的形成和发展所造成的文化上的震撼和一般民众的惶惑，又是西欧基督教文化对此一理论的特殊反应。所有这些科学上的和文化上的条件，都不存在于中国传统文化和知识结构之中，所以同光之间的中国学界、思想界根本感觉不到相关问题的存在，更遑论理解消化这一维多利亚科学的重大成果了。

通常把 1898 年严复在天津《国闻汇编》发表《天演论》作为进化论传入中国的标志，盖国人于是始知"物竞天择"、"强存弱亡"。然而值得留意的是，这本书不是作为生物学理论，而是作为社会学著作被严复选中的。严复所以奋发撰译赫胥黎此书，实出于甲午战败的刺激，并非博物学知识的累积。他对于把进化观念用于社会的斯宾塞（Herbert Spencer）的兴趣，其实在对进化论作广义诠释的赫胥黎之上；而对赫胥黎的兴趣，又在对进化观念的真正创始人达尔文之上。国人从严译《天演论》这一中国翻译第一人的第一书中所看见的，社会对此所剧烈反应的，恰是"保种图存"；而所有这些同达尔文的演化适应生物发展的观念，同已经进行了三十多年的"人类由来"的争论，却是没有什么太大的联系了。

本章写作时利用了钟叔河为刊印的志刚、张德彝、郭嵩焘的日记所写的前言，参考使用了 John Murray, *Handbook to London as It Is* (1873), Edward Topsell, *The History of Four-footed Beasts and Serpents and Insects* (1658)、李仲均、李凤麟关于麒麟的研究，刘诚关于凤凰的研究，汪子春、刘昌芝关于人猿同祖在中国传播的研究，L. K. Little 关于赫德书信的研究与介绍，以及王拭、李泽厚关于严复的研究，谨此致谢。

罗亚尔阿伯色尔法多里
Royal Observatory
天文台

　　西洋的天文学知识，相对于现代科学技术的其他门类而言，进入中国较早，遭遇到的抵抗好像也不猛烈。这可能是因为对于天象的观察，中外很有相通的地方：一是研究天体有规律的运动，而研究这种运动的第一个目的是制作历法，中外皆然；一是研究天空中的异常现象，新星彗星，用来附会人事，占卜未来——中外做法尽有不同，但认知的基础却也还可称类似。至于西洋自中世后期起所津津乐道的宇宙图景，在欧洲则总括上述两方面的研究，蔚然成为十六世纪以后的天文学正宗，而在中国则始终晦晦不彰。或以浑天、盖天、宣夜为中国对天地宇宙的看法，但这些学说毕竟语焉不详且常年不见发展，实在很难和西洋天文学的宇宙论抗礼。如果一定要追究所谓的"中国不发展"的原因，或者可以归诸儒家哲学的务实和理性精神。司马光说得好："夫天道窈冥，若有若亡，虽有端兆示人，而不可尽知也。"他因此认为，观察天象没有什么意义，"本不系国家休咎，虽令瞻望，亦不能尽记，虚费人工，别无所益……""是以圣人之教，治人而不治天，知人而不知天。"换言之，这种"有中有不中"的预言，并不能作为政策赖以制定、国家赖以富强的基础，从而在本质上否定了这种研究的意义。

从儒家学说的这一基本观念出发，宇宙图景问题就多少成了"天地人"的儒家知识结构的一种外在。虽说洋人的历法在明末清初就传入了中国并颇见利用，但毕竟局限于技术层面的推算，即欧阳修所说的"有司之事"，而天到底是什么，宇宙究竟是怎么一回事，则始终没有什么人十分留意，——如果有的话，那大概一定会被整个知识阶层视作杞人忧天了。

比较详细完整的西洋天文学观念的介绍见于李善兰译的《谈天》。李善兰字壬叔，浙江海宁人。1852 年到上海，入墨海书馆，是王韬的同事和好朋友。《谈天》原本是约翰·赫歇尔（John Herschell）写的一本天文学通俗读物，1851 年在伦敦出版，介绍宇宙图景，对太阳系的构造和行星运动有相当翔实的说明。1859 年此书译完出版，或以为于是"到十九世纪六十年代为止的西方近代天文学知识便大部分传入了我国"，其实当时的知识界究竟在多大程度上知道，更不必说接受了这本书中所谈论的图景，还很值得作进一步细致的考察。

1858 年秋，恰在李善兰翻译该书或是刚刚完成，或是即将完成的时候，有彗星出现。

彗星是天象观察者最留心的异常天象；或许因为它形象狰狞，中外都以它为预示灾难的凶兆。据王韬 10 月 6 日的日记：

> 夕，与壬叔（李善兰）观天，见彗星光熊熊然，直扫天市垣，荧惑星将入北斗。闻捻匪势极披猖，已陷庐州、六合，顺流渡江，维扬戒严，金陵贼巢，倏又蚁聚，一时又难克服。天象见于上，人事应于下，真为愤闷。又论晦朔弦望之理，壬叔谓古人多望月以定日，故《尚书》多称哉生明，再生魄，……泰西古犹太国亦然。犹太人常登山巅望月，……每月或二十九，或三十日，三年置一闰，与中法同。可知古时中外历法亦有不异者。

李善兰和王韬的上述讨论可以看作是咸同之间中国最先进的知识分子的认识。善兰该是当时中国天算第一人，王韬则是公认的西学先锋，而于中国古历尤有独到的研究。他对这一彗星，作了完整连续的记录：最初是 9 月 21 日从一葡人处听说有彗星，以后几天，阴雨竟日，所以直到 9 月 30 日，薄暮雨止，他才有机会再继续他的观察："夜见彗星甚朗，其行甚疾。"上述 10 月 6 日的讨论以后，他一定一直在注意彗星的发展。10 月 21 日，他在日记中写道：

> 闻仪征失守，捻匪势极披猖，……残酷无人性，所至屠戮。春间陷浦城，老弱皆膏白刃，……一城仅存二十七人。……吾于此知天心犹未厌乱，实斯民杀运之未终也。今月有三咎征长庚，昼见彗星，经天荧惑侵帝座，准西法言：众星之行，皆有轨道，无关乎休咎。然天象虽远，而其应如响，彗星之现，在中国已屡验，殊为抱杞人之忧也。

王韬生逢乱世，身世坎坷，自然未能像

司马光那样自信，所以对天象的反应，偏在司马所说的"若有若无"当中的"若有"一边。他确实知道西法，但从对历史的考察，他又认为彗星昭示人事在中国"屡验"。王韬是中国知识分子中最早接触西学也是最肯接受西学的人之一，他在这儿所表现的混乱或应当视为他内心游移的反映。一个月以后，他以彗星休咎请益于他所尊敬的前辈江翼云以及经芳洲。芳洲答曰：

> 天道远，人道迩，虽以占验望气之学，亦有所不明。传云：彗者，所以除旧布新也。盖否极则泰，治极则乱，其验或远或近，不可得而预知。在为上者，修德以禳之耳。道光壬寅年秋间之彗，中华只见其尾，光熊熊，殆将竟天，而其星体则在地球下。以理测之，咎在西国。其后英法土与俄攻战死伤如积……英国兵端至今未弥，则其应在十年之后。……

经芳洲的高论在我们看来直是莫名其妙，但王韬似乎颇以为是，整段抄入日记，并说"翼云师亦以为然"。与之相应，他还在给友人郁泰峰的信里，对于李善兰说数学"可以探天地造化之秘"，是最大的学问，表示不以为然："算者六艺之一，不过形而下者耳，于身心性命之学何涉。"

和王韬约略同时，郭嵩焘在咸丰后期对于西洋宇宙图景也还仍旧持半信半疑的态度：

> 邵位西来谈，因及西洋测天之略。近见西洋书，言日不动地动，颇以为疑。位西则言：地本静，而天以气鼓之，即《易》所谓承天而时行也。张子正蒙已主此说。近日西洋畅发其说，以日为主，五星环之，地轮又环其外。乾隆中，西洋蒋某曾献此议，上命钱大昕竹汀等质问，终疑其说，勿用。予问经星又环何处，位西言：经星皆日，天外之天，盖

无穷纪也。唯佛先见及此，所以有大千世界之论。经星各自为一世界，而光与此地轮足以相及，故休咎亦与之相应。其说甚奇。

据嵩焘日记，位西造访嵩焘在 1856 年 3 月 1 日，先上文所说的李善兰译《谈天》近三年，当时郭正在杭州帮曾国藩办盐务。他所看见的"西书"可能是徐继畬的《瀛寰志略》，或是魏源的《海国图志》，而位西说的"西洋蒋某"应当就是 1744 年来中国的法国人迈克尔·伯努瓦（Michael Benoist），中国名字叫蒋友仁。蒋在所撰《坤舆全图》中介绍了哥白尼的宇宙图景，一般认为这是关于日心说最早的中文介绍。位西的这段解说，和王韬上文中所反映的对西洋天文学和宇宙图景的认识水平相类似。一是对于学说本身了解的零星和混乱，一是力图把这些新异概念加以解析变形，使之可以和中国传统学术中固有的或已消化了的观念堪相比伦。案嵩焘本开通明理之人，于西学常汲汲然。而在1856年，他虽说"其说甚奇"，表示了很大的兴趣，但基本的态度则分明是姑妄听之。即使是颇识洋文，颇能和洋人交流的张德彝，在出国几次以后，仍旧认为中国的浑天说"言天体状如鸟卵，……周圆如弹丸，其形浑浑，与西人旧论相符。"并认为浑天说既始于唐尧时代，"早于西人三千年也"。在《坤舆全图》出版一百多年以后知识界的西学代表人物的这一取向，表明日心说这一西洋近代学术的核心观念，在中国并没有被普遍地接受。

1861年7月下旬，又有彗星出现在北斗下，郭嵩焘的记录是：

> 其光竟天，愈上则光愈缩，顷出北斗六丈许，光可二三寸而已。志诚信言：凡火在下，则光斜出长，愈举愈高，则光见短。彗星渐升天顶，自下视之，光芒缩上，故见短耳，非其真光之敛也。

予谓志诚所见甚是。然彗之为星，其光直射，亦但以所见之长短为占应。西法言：彗本有星，隐见以时，其星大小不一。此理可信。阴阳占验家但据所见以定灾祥，不复论其本质也。

这段讨论见于咸丰十一年（1861年）六月二十三日日记，记叙了志诚对彗星形象的解释，虽非尽善，但决不是信口开河的无稽之谈。志诚何以有这样的认识，现在尚无法清楚地指出其来源，而郭嵩焘对他的解释的反应，"所见甚是"则是很明白的。下文引述的"西法"虽只有寥寥八个字，"彗本有星，隐见以时"，却是很准确地概括了彗星的本质；而对阴阳占验家的做法，则似稍露不满。

在天体的规则运动或者说制历方面，中国人似乎更重视月亮的运动，并以此为依据制订了时间单位"月"。从这一传统做法出发，对于西洋的太阳历，便觉得乖谬不可解：

公历每岁三百六十五日，仍分十二月，……无所谓晦朔弦望。……夫一月之命名，系乎天之月魄。月魄尽，则一月以终；月魄生，则一月以始。天显其象于上，人遂因而名之。……西人测算之学号称最精，乃参差其日以为月，致一月之始终日，与月魄绝不相符，命名为月，其实则全乖矣。

这是刘锡鸿的一段札记，写于1877年元旦，当时他正作为郭嵩焘的副手出使英国，从苏伊士运河驶入红海。他此时的情绪颇还不恶，远望埃及，"童山高下，蜿蜒水滨，数百里不绝"，还不像同郭嵩焘闹翻以后那样于西法处处诋毁訾贬。说实在的，刘锡鸿在这儿提出的问题确实涉及了制历的一个根本困难。案历法所依据的是三类天体运动：一是地球绕太阳的公转，是为年；一是月球绕地球的公转，是为月；一是地球的自转，是为日。麻烦的是，这三者之间没有合适的比例关系，或者说，人们没有办法创造出一种计时方法而同时照顾到这三者。阳历的做法是以太阳运动为依据，这样设历的好处在于和四季气候变化较为密合，但月亮的运动却不能兼顾，于是出现刘锡鸿所指出的问题；而中国惯用的阴历，以月亮运动为基础，虽然时患与物候不合，但同朔望潮汐的消长很是一致。中国人在这一点上对西洋历法的批评，不能说是完全没有道理。

上文所列的王韬、郭嵩焘和刘锡鸿的看法，多少是十九世纪六十至七十年代中国留心洋务，注意学习西法的知识分子的代表。他们尚未有机会跨出国门实地考察，但也不见得对西洋一无所知。一俟到了西洋，身临其境，耳闻目睹，他们的看法就有了很大的进步。郭嵩焘是其中特出的一例。到达英伦以后，经斯波蒂斯伍德（Spottiswoode）介绍，郭嵩焘很快结识了不少天文学家。光绪三年（1877年）三月十一日日记记述了他和天文学者铿尔斯的最初交往：

铿尔斯……言四十七倍月当一地球，一千三百地球当一土星，七十万兆地球当一太阳。月中两火山，山皆中空成洞，以火发石出故也。其中空处广四十里，深三里，山高九里，以用千里镜向明处照之，其一面暗，则山影也，以是测其高。又有山无水亦无气：以水气蒸而为云，月中无云，故无水，无水则亦无气。以是测其寒。……其室中……又悬测光气各图，黄者为铅，青者为铁，向日照之，知日中所产与地球略同，以其气相应也。

郭嵩焘在日记里没有记下他在这位铿尔斯家坐了多久，但他在这半天的时间里听到的，却真是不少：先是太阳系，行星、卫星和太阳的相对尺度；其次是月球，其表面的环形山，即所谓的"山皆中空成洞"，还有环形山形成的原因，即"以火发石出故也"；再是太阳的化学成分。这儿的铿尔斯，可能是詹姆斯·查利斯（James Challis），一位

不太成功的天文学家，这时正在三一学院
（Trinity College）当研究员。值得留意的是，
这位铿尔斯研究不太成功，课却讲得不错，
他不仅向郭大使讲述了当时天文学了解了
"什么"，而且还很通俗易懂地说明了他们是
"怎么"了解到这些事实的：月亮表面山峰
的高度是通过对这些山所投下的影子的长短
测算出来的；因为在月亮上没有观察到云而
推出月亮上没有水；通过对太阳的"光气"，
即我们下文还有机会再细致讨论的光谱与地
球的光气的比较，而知道"日中所产与地球
略同"。而所有这些，又都有赖于用望远镜
所作的观测。

郭嵩焘并非第一个利用望远镜观察天象
的中国人。早在十年前，志刚在美国"堪布
里支"即麻省的剑桥和法国都曾见过这种庞
然大物，他一方面觉得"仅得之时刻浏览之
间，无暇与之深究而详察，未免有遗憾焉"，
另一方面，在用望远镜看了月亮以后，对以

往所笃信的《淮南子》，志刚也确实发生了一些怀疑，因为在望远镜里月亮看上去确像是"冰上积雪"："因绎其故，盖日称太阳，火精所凝也；月称太阴，水精所凝。火精凝则为不散之光，水精凝当为不释之冰也。《淮南子》谓月中之暗为地上山河之影，或为臆度之词乎？"

和志刚差不多同时，王韬在英国也有机会见到了望远镜，他称之为千里镜：

> 千里镜之巨者，于日中登最高处仰窥，星斗皆现，能察月中诸山；夜间于海面借天光窥之，舟船樯桅，倒挂下垂，历历可辨。

志刚和王韬看见了望远镜，但是显然不如郭嵩焘有机会和学有专精的天文学家作深入的讨论，所以他们的记录和感受不外乎是一种奇异的物事或令人叫绝的机器。志刚对

图6 在十九世纪中，望远镜已经成为伦敦市民休闲的玩意儿之一。这是在郊游中用望远镜远眺伦敦。（选自 Thomas Miller, *Picturesque Sketches of London*, 1852）

于洋人"有候无占"颇有不解，王韬则把这一经验列在"制造精奇"一类。铿尔斯给郭嵩焘上的天文学启蒙课到底有多少被理解接受是个不容易回答的问题，但至少让郭大使了解到望远镜是科学的一个有机的组成部分，并非猎奇的玩意儿，他的观感也就大不一样。

84

两个月以后，郭嵩焘有机会到格林威治天文台亲眼观看了当时世界上最先进的，他称之为"观星显微镜"的观天利器：

> 其地有小山，星台在山巅，屋甚小，而山下余地极宽，多古木。先至观星显微镜，镜长丈六七尺，形如巨炮，旁设两轮，悬置一小屋中，……内壁为圆孔，安镜，……圆镜内轮，分秒细如发，从显微镜窥之，每秒余地容寸许，云可于一寸中析至数十万分秒。……每测一星即发电报通知左屋坐钟处，……视其所值之分秒，即知每时若干分秒，当为何星南见，……

这应该是天文台的授时系统。接着，郭嵩焘又在"天文馆尚书幕府"克莉丝汀（Christine）的陪同下看了天文观测望远镜。W. H. M. 克莉丝汀是著名拍卖公司克莉丝汀创建人的孙子，在剑桥受教育，1870 年起任格林威治皇家观象台的台长助理，他当时正负责管理天文台的行政事务，郭嵩焘叫他作"尚书幕府"，也还不错。望远镜设在星台最高处：

> 门左为三层楼，上为圆屋，亦设显远大镜，而架大转轮，随天右转。其中一层设水力机器以转轮，轮前当窗处亦设显微镜以视轮之秒数，从镜窥之乃可辨。旁设煤气灯以照夜，观星率至夜间一点钟也。其圆屋四周皆为玻璃直板，高三丈许，……

"随天右转"，这显然是自动跟踪天球周日旋转的天文望远镜了。从观星台下楼，客人一行又被介绍去看了天文台的档案资料馆，馆中的天文学家正在处理1874年12月8日，也就是一年多以前的金星凌日的观测资料。郭大使特别记下的，还有天文学家告诉他的，八年以后，即1882年还会有一次金星凌日，而且只有美洲一隅可以看见凌日的全过程，"余地唯能一见而已"。

当日的日记篇幅极长，这些天文仪器无论在规模尺度上、还是在精密灵巧上，一定给郭大使非常深的印象。而八年后的事，到底如何，似乎尚须拭目以待。

图 7　王韬、郭嵩焘所参观的格林威治天文台。（选自 *Illustrirte Zeitung*, 1851）

光绪三年（1877年）十月下旬，郭嵩焘应邀访问牛津大学，这时他到英国已经有将近一年了。这次访问有精通汉学的理雅各陪同，自然能多了解一些新鲜事儿。二十五日参观大学天文馆，馆长查尔斯·普里查德（Charles Pritchard）亲往接待。普里查德曾在剑桥受教育，1866—1868年任皇家天文学会会长，1870年被牛津大学聘为Savilian天文学讲座教授，这恐怕是郭嵩焘之所以称他为"天文士之最著闻者"的原因。牛津大学的天文馆正是他和德拉鲁（Warren de la Rue）两人极力奔走筹建的。普里查德在天文学方面的主要兴趣，也是他对科学的主要贡献，是用照相方法观测暗星。郭嵩焘当时所看见的，就是一具与天球同步的反射望远镜。普里查德告诉郭大使说，这一庞然大物"用机器推转，其迟速并与各星行度相应。每测一星可至数日夜，更替审伺之。"郭大使显然未能理解这一工作在科学上的意义，但仍然兴趣盎然地提出问题：

予问白日可以见星乎？曰唯金星易见。乃属其司事审寻。久顷，走报曰得之矣。急往窥之，正南见一半月，光色甚淡。金水二星在地球环绕之内，距日为近，其光皆有圆缺，以行度远而光小，不如月之易辨也。毕灼尔得求手记之以为信，乃书曰：某以公历十一月二十九日申初见金星大如半月，正当南。此行得见金星于日未西时。徐雪村所谓金星多随日，唯入日度则光伏，其旁照处，日间可以见之，信不虚也。

普里查德想请他的中国客人看看用当时最大的望远镜对弱星的照相研究，不意让郭嵩焘完成了一次对金星位相的观察。金星的位相是哥白尼日心说所称的最重要的一个可以以观测直接验证的证据，1610 年伽利略对这一位相的观测曾经是哥白尼学说从被怀疑到被普遍接受的转折点；现在这一观察再次表现了它强有力的说服力。郭嵩焘是了解哥白尼学说的，他看过徐寿的介绍，在来牛津前的一个星期，还和人讨论过这一问题：在十月十八日的日记提到英国人马格理（Halliday Macartney）告诉他：

> 二百年前意大利人格力里渥①精天文，始推知五星及地球皆绕日而行，太阳居中统摄之。时罗马教皇主教谓其与耶稣教书违背，系之狱，而其说渐行于西洋，治天文者皆宗之。……故以为心得之理，晦于一时，而必显于后世也。

哥白尼学说之传入中国，固然没有宗教方面的阻力，但要改变中国人常年笃信的天圆地方的观念，特别是要改变常识所提供的直观图景，仍是极其困难的。近代西洋科学史或文化史者较多地谈论当时宗教和科学的冲突，而对于认识论和认识过程方面的考量着墨较少。事实上，当年伽利略论哥白尼体系，一个重点就是"根据哥白尼的理论，一个人必须否定自己的感觉"，这一见解确乎深

---

① 格力里渥即 Galileo，今译伽利略。编者注

刻；而在哥白尼三百年后，在并无宗教阻力的中国，伽利略的这一见解尤能让我们亲切地体会出来。我们还记得郭嵩焘二十年前第一次听说西洋天文观念时的评语是"其说甚奇"，而现在，当他通过望远镜亲眼看见了这一学说所预言的金星位相，他对于徐寿所说的，表示了明白的肯定："信不虚也"。

这种通过直观的经验接受新概念的，决非郭嵩焘一人。上文提到的与郭约略同时的李圭，光绪三年奉命出洋，他的第一个收益就是认识到地球是圆的：

> 地形如球，环日而行，日不动而地动，我中华明此理者固不乏人，而不信是说者十常八九。圭初亦颇疑之。今奉差出洋，得环球而游焉，乃信。

但是我们也绝不能简单地把对哥白尼学说的接受归结为如此的"一目了然"。薛福成在光绪十六年正月的日记中写道：

偶阅《瀛寰志略》地图，念昔邹
衍谈天，以为儒者所谓中国者，乃天下
八十一分之一耳。……司马子长谓其语
闳大不经，桓宽王充并讥其迂怪虚妄。
余少时亦颇疑，……今则环地球一周者，
不乏其人，其形势方里，皆可核实测算。
余始知邹子之说，非尽无稽，……

　　洋人说 Seeing is believing，略同于我们中
国人说的"眼见为实"。在破除迷信，破除盲
目的信仰主义方面，直观的演示和说明自有其
压倒一切的力量。但是科学精神的本质并不
是直观地展示自然界，而是通过完整的科学探
索的程序认识自然，其中起主导作用的，是理
性，在很多场合中，或者可以简化一些说就是
推理和演算。这一层的意义，则远非可以直观
地领会。1877 年 9 月 24 日，郭嵩焘看见报载
"法国利非里亚死"，因而有所查询，并引出了
一段议论，使我们有机会了解他在我们所说的
科学精神的下一个层面的看法。

利非里亚即 Urbain J. J. Le Verrier，今译勒威耶，是巴黎工艺学院的天文学讲师。十九世纪四十年代初，天文学界普遍注意到实际观测到的天王星的运动和利用牛顿力学所算出的理论值有系统的偏差，不少天文学家据此猜想天王星外侧应当还有一个未知的星体，而观测到的实际与理论的偏差正是这一天体对于天王星的引力所造成的。1846 年 8 月，勒威耶完成了对未知天体轨道的推算，并把预测结果告知了欧洲的几个拥有强大观测能力的天文中心。在接到他的数据的当天晚上，柏林天文台在勒威耶所预言的天区发现了这个造成天王星运动偏离的未知天体，是为海王星。

海王星的发现常被称为牛顿力学的最终证明，人类理性的辉煌胜利。现在人们可以说他们不仅知道天上的日月星辰怎么运动，而且还知道日月星辰应该怎么运动。原来统摄天地万物的，不是信仰，不是权威，而是理性。一个三十五岁的年轻人，凭着物理学的基本定律和一个十元方程，竟然能告诉世界在什么时候、什么地方应该有一颗什么星，这无论如何是理性和科学的不容置疑的胜利。自然，勒威耶也成了人人崇敬的名人。

海王星的发现对于英法两国的公众来说还有更使他们热情高涨的地方。在勒威耶完成他的计算之前十一个月，英国人 J. C. 亚当斯（J. C. Adams）曾作出了类似的计算并把结果交给了皇家天文台。因为某个奇怪的原因，崇尚实践的英国人忽略了这一高度理论性的结果，亚当斯的论文被束之高阁一年之久，而竟然让法国人抢了头功。优先权的问题本来就是很扰乱人心的，何况其中还夹杂着国家和民族的感情呢。十九世纪四十年代后期，为了亚当斯和勒威耶谁先谁后、孰优孰劣的问题，又热闹了好几年。

现在勒威耶死了，当然是个新闻，也引起了郭大使的兴趣：

法国利非里亚死，亦见新报。询之，为法国精习天文者。二十年前推出海王一星，与英国阿达曼斯[1]相为印证，两人故不相识也。其占法以墨尔曲里，纽兰拉斯[2]二星行度稍失常，若有物吸之者，……以此二星之行度，推知其上必有一星，其气足以相摄，而不辨为何星也。久之而德人始察出一星，名曰勒布登，译言海王也。

　　除稍有几处不太准确，如把墨尔曲里即水星也扯进了这个故事之外，郭嵩焘在相当程度上完整地了解了这一震惊西洋学界和一般民众的事件。他的叙述相当清晰，但是他的看法，即使不是完全的否定，至少是反驳式的质疑。他接着写道：

　　往闻曹柳溪籀论海王星最大，西人近始测出，该即利非里亚，阿达曼斯

---

① 阿达曼斯即 Adams，今译亚当斯。编者注
② 纽兰拉斯即 Uranus，今译天王星。编者注

所推出者也。然何以历数千年谈天文者皆未及之？西洋谓天河皆星之聚气也，其行度远不可测。或其中诸星有由远及近，天文家得以窥测，遂谓某星间又添出一星，其实皆星之行度一由远及近者也。

郭嵩焘一上来引用的曹籀，自称是龚自珍的畏友，其实颇为江湖。李慈铭说他"文亦不通一字，凶傲好骂"，当可信，不知嵩焘何以特别留意他的意见。嵩焘的意思是，洋人所谓的海王星，既然不是现在才凭空造出来的，应当早就存在，只不过"近始测出"而已。为什么以前没有看见而现在忽然看见了呢？郭嵩焘用他关于西洋天文学的知识解释说，这是因为这颗星原来在很远很远的天河里，所以没法看见，但因为这颗星一直在向我们这边移动，由远及近，移到了近处，所以就看见了，而天文学家没有明白这里的道理，便说"又添出一星"。

郭嵩焘的这段评论在我们看来实在是胡扯。他首先没有明白科学上的观测并不是通常意义上的"看"，其意义在于根据理论的预期去有目的地寻找指定的现象，而"看见"这一颗被预期的星的意义更在于这一颗星是被预期的，是对理论的证实，并不在于多看见了一颗星。他的反驳更为科学方法所不容：说这颗星由天河中来，在方法论上说，既是不可证伪的，又是特异性的，这种驳难不合辩论的规矩，从逻辑上看没有价值。

但是我们这一段评论在郭嵩焘看来一定也是胡扯。他的说法明白易解，任何一个稍明事理的人都能接受，绝不像我们的说法那么佶屈聱牙。说实在的，如果现在把郭嵩焘的解释拿给一般民众，很可能多数人还会认为他所说的不错，至少不能被证明是错的。原来科学的观念和方法，或者套用流行术语说，科学的规范不是不言而喻的。对这种规范的接受采纳必须通过系统的训练和教育才能完成。郭嵩焘在英国虚心向学，耳闻目睹，在择取科学所阐发出来的新鲜事物方面的确跨出了一大步，但是要真正理解科学，理解科学的方法和精神，真是还有好几步要走。

1878 年 2 月 22 日，郭嵩焘又重提了这件事。让我们吃惊的是，在仅仅过了半年之后，他的看法有了很大的变化：

> 因忆往年英人阿达曼斯，法人利非里亚相与测天文，以为尚有一星当见。已而意大利人测出之，名曰勒布登，译言海王星也。其法视日轮上下五星相联次，而测其中空缺处，以求其行度与左右行星吸力。盖其星视日轮为远，则其周天之度亦愈加广阔，是以历无测及者。西洋天文士凭空悟出，则遂有人寻求得之。此二人事，亦略见西人用心之锐与其求学之精也。

他这时虽然不见得领悟到了我们所说的"科学方法和科学精神"，他毕竟注意到了是因为发现"空缺处"在先，而后得以"悟出"，进而"有人寻求得之"。他还修正了他以前关于这颗星来自遥远的天河的猜想，正确地指出之所以以前没有被观察到是因为"其星视日轮为远，则其周天之度亦愈加广阔，是以历无测及者。"郭嵩焘何以会有这进一步的看法，或者甚至可以说是有此意味深长的改变，史料无考。但他当时厕身英伦首都，或从人言，或得之于新闻报道，都不是不可设想的。

罗亚尔苏赛意地
Royal Society
皇家学会

维多利亚时代的一个最突出特点是科学成了文化的一个部分而深入到社会生活的各处。影响所及，游览的好去处是皇家动物园和大英博物馆；休闲则是去皇家科学院听科学家演讲，电化学和电磁学的开山大师戴维（Huimphy Davy）爵士和法拉第都是这种讲演最成功的主讲人，而赫胥黎的讲演则场面更加火爆；H. G. 威尔斯（H. G. Wells）的科幻小说、威尔基·柯林斯（Wilkie Collins）的《月亮宝石》以及稍后柯南·道尔的福尔摩斯正脍炙人口，这些小说现在读起来就像是一本本科学方法论的教科书。比大众文化范围稍小而层次较高的，是所谓的"沙龙"。沙龙一词原出自法文，意为客厅。按西俗，上流社会的主妇常在家中设茶点招待客人聚谈，参加者多为社会名流。当维多利亚时，科学既为时兴，科学家即成为这种聚会的上宾。风流所至，竟成习俗。在这种场合，谈话内容自然是与科学相关的主题，或某个领域的最新进展，或整个科学的总体前瞻。参与某一聚会的核心分子，尽管专业不尽一致，但气味相投，而且所谈也常能相互发明，于是就慢慢地形成了一种小团体，时常会晤，彼此介绍本行的发展和研究的心得，日久渐成定例。

这些聚会团体中最有名的是"X俱乐部"，由赫胥黎在1864年发起，创始之初除了赫氏之外另外还有八人，都称一时之选：约翰·丁达尔（John Tyndall）是皇家研究院的自然哲学教授，1867年接替法拉第在三一学院的工作，1874年起任英国学术促进会会长，发表就职演说鼓吹科学高于宗教，语惊四座；乔治·巴斯克（George Busk）是外科医生，1871年起担任皇家外科学院院长，我们还记得正是在这个学院的博物馆里，郭大使第一次看见了胚胎的标本，第一次了解到原来人、兽、禽、鱼的上肢骨有惊人的类似可比之处；赫伯特·斯宾塞（Herbert Spencer）是社会达尔文主义的创始人，十九世纪六十年代中期发表的《生物学原理》让他名声大振，二十年后严复就要从他这儿发展出令中国知识界怵然警醒的"保种图存"大义；爱德华·弗兰克兰（Edward Frankland）从1865年起就是皇家学院的化学教授，郭大使访问时他正在筹建化学研究院。除了这几位，还有日前陪同郭大使参观皇家花园的胡克和现在邀请郭大使一行茶点的斯波蒂斯伍德。斯氏是上面提到过的丁达尔的学生，对中国客人特别友好，在郭嵩焘一行驻英期间，从他那儿发来的参加各项活动邀请几乎没有中断过。

1877年3月24日，郭嵩焘、刘锡鸿和译员三人正是应他的邀请去参加了一个演示光学研究的茶会。"葛罗佛之夫人，年约六旬，亦以博学著名"，接洽周旋，与会者多为科学方面学有专精的研究者或是社会上活跃的名流，而中国使节补服灿烂冠带庄严，俨然杂厕其间，当亦可称作一种奇景。郭嵩焘既是中国正式的外交代表，到达英伦以后几乎立即被上流社会所接受，从而能直接进入知识界的精英团体，这和一般的到访者如王韬之辈有相当的不同。当天有很多人来和中国客人攀谈寒暄，除了上文提及的丁达尔，郭嵩焘称他为"定大"，据张德彝记，还有伊文士（Frederick J. Evans），水文地理学家，以解决在钢铁结构的船舰上使用指南针的困难著名，由其科学成就而封爵；欧多恩（Thomas Oldham），以关于印度的地理和地震研究著称；葛兰敦（John H. Gladstone），皇家科学院院士，当时正致力于把光学的研究成果运用到化学中去。特别可以一提的是侯金嗣（William Huggins），天文学家，他同米勒（W. A. Miller）一同设计建造了天文观测专用的分光镜。在十九世纪六十年代中，他首先提出亮星和太阳有相类似的化学组成，若干重要的星云有些是真正气态物质的聚集。1866年他又第一个完成了对新星的光谱观测。至于斯波蒂斯伍德，我们行将看见，他所要演示的，正是他本人的专精。当天与会五十

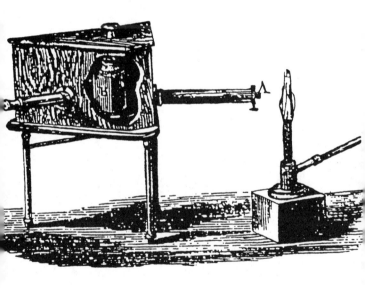

图8　十九世纪七十年代物理实验室里采用的分光镜。（选自 Charles Loudon Bloxam, *Chemistry, inorganic and organic: with experiments*, Philadelphia, 1873，本书的部分内容后来由徐寿译成中文，在上海格致书院出版）

多人，学者政要，济济一堂，都是"本国名流"，而所要看的表演，也的确是相当的丰富。据郭嵩焘的日记，他所见如下：

（光绪三年二月）初十日，斯博德斯武得[1]邀看电气光，盖即用两电气线含碳精以发其光。用尖角玻璃照之，其光分五色。云凡白光中均含五色，以五色灰（义案：疑当为"汇"）聚而和之，其色皆白，以白能含诸色故也。以三尖角玻璃平挡电气光，则光斜出，为平面出光，两面斜处有伸缩，其光随之以射出平面也。

郭大使的这段记录似乎不甚好懂。他的副手刘锡鸿的记录稍微详细一些，略云：

初十日午刻，斯博的斯武德请茶会，与其师丁达[2]演光学以助谈柄。光

---

① 斯博德斯武得即 Spottiswoode，今译斯波蒂斯伍德。编者注
② 丁达即 Tyndall，今译丁达尔。编者注

学者，所以明色之变也。其法以碳燃火置诸镜匣，碳小如指之一节，镜小如杯，而圆光之印诸幔帐者，则大数围。隔以方玻璃，犹一色耳。以三角玻璃映之，则其光五色璨然，界划井井。由是挈红缯以附红光，缯之红不改。附诸绿光，则缯变蓝。附诸白光，则变为黄。又锲水晶使稍分厚薄，转诸镜匣中，则其光善于变色。烧水晶使热，复凉以水，亦变色。劲力以握玻璃，亦变色，缓之则无色。又以盐炼木入火，则人面及五色之物皆蓝，⋯⋯

而张德彝的记录，前半段和刘锡鸿约略相似，后半则几乎完全相同。我们或者可以假设刘锡鸿的日记是事后从张处转抄而成的。这倒不一定是因为刘某为人委琐，日后每为论者訾贬，遂擅加以抄袭之名，实在是因为锡鸿全然懵于洋文，一招一式，一点一滴，全赖张等翻译。张德彝当日的日记载：

初十日丙申晴。未正，同马清臣（马格理），凤夔九随二星使乘车三四里，赴司柏的斯伍^①家茶会。伊为英国名士，精于光学，乃与其师丁达，同请入内室演试之。夫光学者，所以明色之变也。其法四面遮闭黑暗，正面挂大白布一幅，对面立木架，上置高灯，射光于布，其光力与日光同，系以炭燃火，置诸镜匣，炭小如指之一节，铜筒如小杯而圆，光之由筒照于白布者，其大数围如月。隔以方玻璃，犹一色也。以三楞玻璃映之，则光分五色，界划井井，如红黄白蓝黑，放红绸条于红色中，其色不变；移入绿光，则变为蓝；移入白光，则变为黄。又锲水晶使稍分厚薄，转诸镜匣中，则其光善于变色。烧水晶使热，再浸以冷水，亦变色。劲力以握玻璃，亦变色，缓则无色。又以盐炼木入火，则人面及五色之物皆蓝。以五色

---

① 司柏的斯伍即 Spottiswoode，今译斯波蒂斯伍德。编者注

108

画一车轮而急转之，则第见其白。合五色
粉而匀之，亦变为白。

综合他们三人的记录，特别是利用张德
彝的记录，我们可以大致了解当天的演示。
其中最后一个最简单，意在显示用各种单色
光或者各种颜色可以混合产生诸如太阳光之
类的白光或白色。早在十七世纪七十年代，
牛顿在研究光和颜色的本质时利用三棱镜使
太阳光分解，即散射成单色光，发现太阳光
是由各种不同颜色的光混合而成的。为了给
理论提供更充分的证据，牛顿又从相反的方
向，即用合成的方法，混合各种颜色，证明
的确可以由此形成白色，从而对太阳光是由
七色混成的作出说明。他还用不同的颜色涂
饰小风车的转轮，一旦风车急速旋转则风车
看上去像是白色，说明颜色的本质。这些实
验曾多次见于他的笔记；而用各色粉末混合
形成新的颜色，用以说明颜色的本质，也是
他常用的论据，见于他的《光学讲义》。

斯波蒂斯伍德重复了牛顿的这两个实验。张德彝所看见的，一是"以五色画一车轮而急转之，则第见其白"，一是"合五色粉而匀之，亦变为白"。这对郭嵩焘一行或者还有些新意，对其他在座各位饱学之士当然只是常识。斯波蒂斯伍德之所以要做这一演示，据他同时做的其他几项实验推测，可能是为了突出"正题"，即和利用多种颜色的光合成为白光相反，他要把多种颜色混合而成的光分解为各个单色。他所要介绍的，是当时方兴未艾的光谱学研究。

所谓光谱，就是通过技术手段把多种颜色混合的光分解成单色光，而这些不同颜色的单色光所特有的不同角度的折射，使得分解所得的光在远处的屏幕上形成一条像彩虹似的光带即光谱。光谱可以通过两种方法得到，一是用棱镜即一具截面为三角形的透镜，一是用所谓的光栅，即刻以细密平行的划痕的平透镜。斯波蒂斯伍德在演示中先后用了这两种方法。他用的光源是一对碳精电极产生的弧光，这种光非常亮，可以产生比较好的演示效果。他先使电弧光通过圆形导管和透镜，即张德彝所谓的"铜筒如小杯而圆"，再以三棱镜把白光分解，在远处的屏上造成"光分五色"，得红、黄、白、蓝、黑次序井然的连续光谱，并用红绸带显示各个部分均

图9　维多利亚物理学家向郭嵩焘介绍的光谱分析仪器。图中远处的是本生灯和窥管，化学物所产生的光由此摄入支架中央的棱镜。(选自 Ludw. Bullauff, *Die Grundlehren der Physik*, Langensalza, 1879)

为单色光。完成这一演示后，他又用水晶光栅，即张日记中所说的"锲水晶使稍分厚薄"的这样一种玩意儿，在同样的装置中得到散射光谱。

白光所形成的光谱常包含各种颜色的光，这在物理学上叫做连续光谱。单一的元素在炙灼炽热时发出的光常为一种或几种特定的颜色，化学家们把这样形成的光谱叫作特征光谱。这种"特定颜色的光"在光谱上形成明亮线条，叫作这一物质的特征谱线，如钠为明亮的黄色双线，锂是一条红线和一条橘黄色的暗线，钾为暗红，而铯为天蓝。一种元素一种样式，好似这一元素的身份证，绝不会错乱混淆。1860 年前后，德国人基尔霍夫（Gustav Robert Kirchhoff）和本生（Robert Wilhelm Bunsen）最先根据这样的想法，利用谱线来甄别样品中所含的各个元素，从而实现了通过观测样品在光谱中显示出来的特征谱线，确定样品的化学成分的分析方法，即光谱分析法。这种方法极其灵敏，通常能轻而易举地探测到三百万分之一毫克的物质的存在，所以几乎立即就成了分析化学家手中最锐利的武器。十九世纪六十至七十年代是光谱分析术发展的高潮，郭嵩焘一行在斯波蒂斯伍德的客厅里观看光谱演示的前二年，1875 年 9 月，法国人正是利用这一犀利无比的工具，发现了新元素镓。

从张德彝的记录中，我们了解到当天他们花了不少时间来看光谱。最后的一个节目是以"盐"入火，则"人面及五色之物皆蓝"。由这一描写，我们可以猜想这儿的"盐"应当是铯盐。铯是一种稀有的金属，是这一新技术的发明者本生在 1860 年从杜克海姆（Durkheim）矿泉水蒸发剩下的残留物里发现的，特征光谱是蓝色。斯波蒂斯伍德在这儿所做的实验，很可能是在利用铯的光谱，演示德国人是如何用光谱分析方法发现新元素的。

根据我们上面几乎是逐字照录的郭、刘和张三人的记录看，他们对于所看见的东西似乎是完全莫名其妙。斯波蒂斯伍德所演示的对于他们说来是如此一种天方夜谭，虚心向学的郭大使也好，颇通洋文的张德彝也好，甚至于都不能把他们所看见的完整地记录下来。我们知道在1855年英国医生合信（Benjamin Hobson）所著的《博物新编》里提到过光谱，徐寿在十九世纪六十年代和华蘅芳通信也讨论过光谱，还用水晶图章磨制过三棱镜，但是这些知识显然只是在以墨海书馆为中心的三五个人的小圈子里流传。这些十九世纪七十年代欧洲最新的科学成果对于道光二十七年会试二甲三十九名赐进士及第的郭嵩焘和他的同事来说实在是太困难了。这一困难是文化交流、冲突、沟通、扩散的一个典型案例，让我们再把它细分为三个方面作进一步的研究。郭嵩焘一行之所以困惑莫名，一是在他们旧有的知识结构中没有可资比较的对应物，所以完全茫然不知所措，对于这一突如其来的新经验连一个暂时搁置的地方都没有；一是他们接受新事物、新知识的准备还没有形成系统，他们的思维模式和规范与他们所要处理的对象全然不合，所以也没有能力作归纳或分类，更不用说理解其意义了。说实在的，他们比当年刘姥姥进大观园还要狼狈。姥姥初见自鸣钟，"当啷"一响，确实让她吓了一跳，但她还能马上和筛面的箩作对比；郭大使尽管渊博，却仍然想不出四书五经里有什么可以和光谱作比附；至于光谱的意义，中国客人当晚可能和刘姥姥对于荣府上下为什么都要用钟表一样，全然不可理解了。第三方面的问题是他们的英文程度尚不足以甚至是最粗略地了解主人为他们提供的相关解释，阻碍了哪怕是最低水准的消化和吸收。对于光谱分析技术而言，中国同治朝知识界的精英实在是不得其门而入。

英文的问题最明显。不用说郭嵩焘，我们现在读了十年英文再出洋的人，哪个不还是觉得英文处处阻碍？张德彝是他们当中英文最好的，他的记录也最可读。尽管他把展示光谱的屏说成是一幅"大白布"，他总算是粗略地记下了当天的实验。如果只有郭嵩焘的记录的话，我们恐怕没有什么十分的把握能重建当天的情景。

他们的全然不可理解表现在对此一活动的记录的异常简略。郭嵩焘是细心向学之人，通常参观游览乃至和人谈天应酬，苟有可记，一定是详加采录。在这一天的日记中，对五色绚烂的光谱分析术，记录才仅百余字，和他日记中随处可见的对于工厂、博物馆的动辄数千，甚至上万字的巨细无遗的记录全不相类，只勉强及于当天他和数位"倾谈逾时而未询其名"的士绅的会晤。嵩焘非独懒于此，盖无从措手也，盖所谓马二爷游湖，"不知他搞的什么玩意儿"。唯一的评论倒还是刘锡鸿用的《易经》，含混地一下子把光谱分析术给罩住了："英人皆谓之实学，盖形而下之事也。"

中国传统文化对学问的分类，首见于《易经·系辞》："是故形而上者谓之道，形而下者谓之器。"朱熹说理是形而上，戴震说成形就是形而下。刘锡鸿既然见到了这么多成形的东西，把洋人的这套玩意儿划分在形而下，应当是很妥当了，而不屑之意也尽在不言之中了。可是这样的知识分类系统无法把利用仪器探测自然规律的光谱分析术纳入其中——这个集形而上和形而下为一体的玩意儿是中国文化所从来没见过的，所以他们无所措手足。这第一次看见，有些突如其来，不知如何对付，那也罢了。但是从郭嵩焘的日记可知，他在以前、以后和类似学问还有过多次的接触，有着多处如下类似的记录：

（光绪三年六月初九日）斯博得斯武得……邀看光学，皆用水晶及玻璃小片，用灯一座，置镜数具其前，照之皆成五色，变化离奇。……其画光六片及花朵及山石者，照之皆五色，斑斓错杂；稍一

推移，各色皆变。光学中亦兼热学，其
理本相同也。

这一记录距上面讨论的"茶会"不过四
个月，所演示的项目基本相同，我们再一次
看见对装置粗陋的描述和对这个实验的不知
所云的评论，而且郭嵩焘也完全没有征引提
及上次的经验。不久，

纽登见示光气车，用小玻璃瓶管，
中段如瓶式，上下皆细如管，中置风轮，
凡四分许方片四，用铁丝交午为轮式，
中安小管，套入竖针内，见太阳光则旋
转如飞。是日雨，燃麦克尼西恩金照之，
其光刺目如日。逼近瓶旁，轮转愈急。
考问其所以然，则用千层纸金为方片，
即光气所由发也。……一面放光，一面
用黑煤涂之，则自冲转。

这是演示光压，支持光的粒子说的一个

重要实验。案据光学的一派说法，光是由极细极小的粒子汇合成的粒子流。既然是一种"流"，撞击到障碍物时就应该会表现出一种推动力。这儿的极其轻巧的风轮，正是充当扮演了一种障碍物，它在光的照射下转动，正表现出受到冲击，提示了上文所说的粒子流的存在。因为实验装置相当简单直观，郭嵩焘的记录就未见什么困难，甚至连人工光源来自燃烧金属镁即他所说的"麦克尼西恩金"都有正确的记载，这说明他并非对此不感兴趣或不屑为记。当然他没能了解到，这个"小玻璃瓶管"必须是抽真空的。至于所以然者何，则只能是一句"光气所由发也"这样一句莫名其妙的话对付过去了。至于光谱分析，因为正是当时科学发展的热门话题，所以郭嵩焘一行实际上有很多机会接触到这方面的知识。早在铿尔斯家做客时，他们其实就听说过用光谱分析术探测太阳的事儿，他在日记中也曾有"又悬测光气各图，黄者为铅，青者为铁，向日照之，知日中所

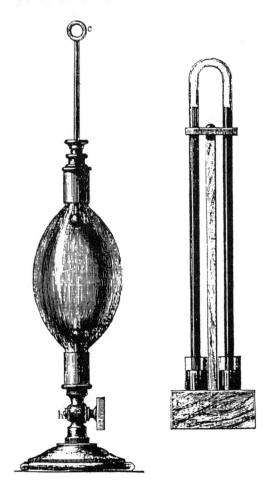

图 10　十九世纪六十年代物理实验室用来观测放电管的真空管，郭嵩焘所看见的，很可能是类似的装置，右边是用来测量真空程度的气压计。（选自 J. Frick, *Physical Technics, or Principle Instructions for Making Experiments in Physics*, Philadelphia: Lippincott, 1861）

产与地球略同，以其气相应也"之类的记录。在上面我们详加讨论的斯波蒂斯伍德家的茶会以后不久，好客的斯氏又请了郭嵩焘参加了他和达丁尔和诺曼·洛基尔（Norman Lockyer）的聚会，会上他们讨论观看了同样的东西：

> （光绪四年正月）十二日。……罗尔门路喀尔以光学测天星，制一镜窥火而辨其光气，如着盐即知火中有盐质，着五金之属即知火中有金质。因是以窥星，知某星铁产若干，铜产若干，铅产若干，皆能辨其光气而测之。

这可是当时全世界天文学和物理学的最新成就了。四个月后，光绪四年五月，郭嵩焘再一次在天文学家洛基尔，也就是上一则日记中的罗尔门路喀尔处观看了用三棱镜做的光谱分析，主人向他解释了铍、锶等稀有金属的谱线。洛基尔还利用他亲手所绘的太阳光谱图向郭嵩焘介绍了太阳的化学成分："近测日中诸物皆备，唯无养气①，……"对于这些非直观的理论推理和推论，郭嵩焘的反应是："予也未敢深信"。他显然无法把这些他多次看见的，这些当时第一流的专家向他介绍解说的，实际上密切相关的知识排比贯通。细看他的记述，他并没有能够真正看懂他所看见的东西。对于郭嵩焘和他的同事们来说，所有这些，只能是零星择取的孤立的奇闻异事了。

要想理解这些异事，需要一种理论构架，需要调整或重建他们整个的思维方式和定义规范。在中国传统文化中现有可资利用的，只有"气"的概念。郭嵩焘用"光气"、"电气"之类的名词来谈光和电，对于万有引力，我们还记得在谈天文时提到过，他的概念则更加模糊，径称之为"其气足以相摄"。至于这儿的"气"到底是什么，他却并不准备深究，也没有感到有什么不安。事实上，郭

---

① 即氧气。编者注

嵩焘一行并不是中国人第一次接触光学和光谱分析术。早在十年前，1868 年即同治七年七月，美国人就在麻省让志刚看过太阳的光谱以及光谱上的吸收谱线。这可有点儿让人吃惊，因为这时距德国人提出吸收谱线的解释才刚刚七年。志刚在日记中记录了他当日所见：

　　……由镜窥之，则见日光之色如虹，黄红紫绿之色较然可分，各色中又各有乌丝界，匪夷所思矣。

　　他当然不知道对于这些所谓的夫琅和费线的基尔霍夫解释，但他很快提出了他的猜想：

　　或曰：日为两间光气之大本（义案：原文如此，似不可解），凡四时之行，百物之生，无不秉其光气。然天行虽然不息，生物虽然不测，而轨度寒暑，千古不忒，飞潜动植，厥类维彰，是必有其

变易中之不易者。今目遇之而成色。此
日光中所以有较然不紊之乌丝界欤？

匪夷所思。我们当然绝无责备志刚或郭
氏的意思，——说实在的，他们要是在这时
候能完整正确地运用近代光学来看这些实验，
那才真正是匪夷所思呢。我们想要说的，想
要强调的，是两个完全独立的文化在这种无
公度的领域里的沟通是多么困难；或者大胆
一点儿，我们几乎可以说这种沟通是近乎不
可能的。平庸如志刚也好，颖睿如嵩焘也好，
在这儿的差异不过是志刚胡乱说了一通不可
索解的话，而嵩焘则保持了明智而谨慎的沉
默。而两者相同的地方是，特别容易注意到
的，是在记叙论述时，他们都利用了"气"
这一概念。对于这样的做法，他们丝毫没有
觉得有什么问题。在我们的文化传统里，气
的概念是无处不在，而且是不可须臾或缺的：
文天祥有正气，李林甫则有邪气，皇宫有帝
王之气，秋天有萧索之气，冷子兴用它来分

析荣国府，沈括用它来解释太阴玄精——一直到现在，我们还在用这个概念来说明很多说不清的事：植物长得好是因为地气好，股票涨得好是因为人气旺，志刚、嵩焘辈以此来理解声光电化，于理当然，而理直则气壮。对这一做法的质疑，要直到三十年以后，才由严复提出来。在1909年出版的《名学浅说》里，严复尖锐地问道：

今试问先生所云"气"者究竟是何名物，可界说乎？吾知彼必茫然不知所对也。然则凡先生所一无所知者，皆谓之"气"而已。指物说理如是，与梦呓又何以异乎？

严复在这儿指出的，是中国学术中一个根深蒂固的问题，即概念的定义不清。这一痼疾在我们的文化中植根之深，直至一百年后的今天仍旧可以很容易地看出来。而以科学革命为起点的近代科学的第一要义恰恰就是要明白地、无歧义地定义基本概念。我们可以粗略地说，这一思考论述的方法上的改变，或可视为观念现代化的一个标尺，甚至是一个标志。1632年当科学革命行将进入高潮的时候，伽利略在他的名著《关于托勒密和哥白尼两大世界体系的对话》中谈到引力概念时，这样尖锐地批评了利用模糊不清的词来蒙混、掩盖无知的人：

　　你错了，辛普利丘；你应当说谁都知道它叫作"吸力"。我问你的不是它叫什么名字，而是它的本质，而你对它的本质和你对那个使星体运动的原因同样地毫无所知。我只知道它的名字叫什么，而这个名字是由于不断的日常接触而变得家喻户晓。但是我们并不真正知道是什么原因或者什么力量使石头下落……，或者什么使月亮周转。我刚才说过，我们只是对第一种情况给它一个比较特殊而具体的名称"吸力"，而对第二种情况给它一个比较一般的名称"压力"，对最后一种情况则称之为"神力"，……正如我们把此外无数运动的原因归之于"自然"一样。

综观上述文化传播中的三个值得特别注意的方面，除去语言隔阂这一比较技术性的障碍外，没有对应物事，从而无法通过比较同化，而消化吸收是一个更深刻的问题；而整个文化的思维模式、定义规范则是下一个层次的更加根深蒂固的文化要素，不易察觉更加不易改变。直至今日，我们仍可以看见很多在自然科学某方面学有专精的人在他专业以内和以外用完全不同的思维方式考虑问题，前者逻辑缜密定义精严，而后者则仍沿袭传统模式，更加思辨，但也更加含混模糊。

本章参考利用了 T. W. Heyck, *The Transformation of Intellectual Life in Victorian England*, London: Croom, 1982，关于科学团体的研究，谨此致谢。

铿密斯脱利
Chemistry
化 学

1865年夏天，英国人傅兰雅来到了上海。这时这位刚刚二十六岁的年轻人已经是很有些经历了：四年前到香港，担任圣保罗书院院长，不久往北京同文馆执教，马上又应曾国藩的邀请赴上海，——他是要在刚刚开办的江南制造局里任职。江南制造局是咸丰同治时期中国洋务派开办的少数几个新式工厂之一，顾名思义，重在制造，而且事实上还只是军工制造。因为制造中常涉及一些西洋文献，所以附设翻译馆，取其便利快捷。一年多以后，傅兰雅在这儿遇见了一位比他年长二十一岁的中国人徐寿，从此开始了两人长达十七年的合作。这一合作最脍炙人口的成果有二,一是翻译了数量可观的科技书籍,二是创办了格致书院。

译书用的是"林纾模式",即傅口述大意,徐演绎成文。据傅兰雅自己说:

> 至于馆内译书之法,必将所欲译者,西人先熟览胸中而书理已明,则与华士同译。乃以西书之义,逐句读成华文,华士以笔述之,……译后,华士将初稿改正润色,令合于中国文法。

图11 十九世纪七十年代的上海江南制造局。(选自吴友如,《申江胜景》,光绪十年序本)

后来的史学家统计，徐译共十七部，其中最为人称道的是所谓的化学大成八部，尤其是以《化学鉴原》及其《续编》和《补编》为名的前三部更是被视作近代化学传入中国的滥觞。《化学鉴原》的底本是韦尔斯（David Ames Wells）所著，1858 年出版的 *Wells's Principles and Applications of Chemistry*，是一本介绍化学基本知识，特别着重化学知识应用的通俗读物。韦氏著作颇多，除了傅兰雅、徐寿翻译的化学书外，他先前还写了两本鼓吹科学的小册子——1850 年的《科学发现》和 1857 年的《科学常识》，而他的《韦尔斯自然哲学》，一本问答式的介绍日常科学知识的小百科全书于 1857 年问世，至 1869 年已出至第十五版，当是当时很流行的普及读物。傅兰雅很可能在青少年时代读过他的某一本或数本书，而且印象颇深。所以既然要找一本化学入门书来翻译，韦氏即是最易于中选的对象。《续编》和《补编》则是从蒲陆山（Charles Loudon Bloxam）的 *Chemistry*, *inorganic and organic: with experiments* 采译，《续编》留意采纳翻译的是该书关于有机化学的介绍，《补编》则侧重化学实验。蒲氏是伦敦国王学院的化学教授，该书 1867 年初版，皇皇七百页，1873 年三版，徐寿在 1875 年出版的译本在时效上不能不说是相当的先进。这本书的英文原版相当成功，1877 年原著者去世以后，迭有再版和修订，到 1913 年由其子 A. G. 布洛克萨姆（A. G. Bloxam）与 S. 贾德·刘易斯（S. Judd Lewis）主持出至第十版，篇幅也扩充了将近五分之一。蒲氏似乎和中国有缘，不仅书在中国行世，而且后来还亲自指导了中国最早留英学化学的学生罗稷臣。

这些专著对于当时的化工或兵工生产可能有些贡献，但对于一个尚无准备的知识阶级来说，作用似乎相当的有限。格致书院的教师栾学谦约在 1875 年前后写成的一份手稿里，记叙了他讲授《化学鉴原》的情形：

中国于化学一书，近年以来，已译多种。……间有一二笃学之士，能自通晓者，然未亲躬尝试，终成隔膜。余……于今正开院（义案：指他在格致书院开课）以来，每于星期前一夕，教讲《化学鉴原》数篇。奈书首卷多属化学条段，理颇深奥，听者味同嚼蜡……自愧所试，仅属端倪，未能尽致，以满学者之心。实以书院所有器料，残缺不全，一切未能应手。欲添新器，一时难备，并无吝于试验……

以上译书教学两端应当是十九世纪七十年代中期郭嵩焘辈在伦敦时，中国对于西洋化学吸收的情形。我们看见，一方面是相当数量的化学知识已经译成了中文，另一方面，这些知识被中国知识界接纳则还是刚刚开始。这些译本其实并没有在很大的范围里流通，以至于到二十世纪二十年代已经很难再找到了。究其原因，大概一方面是上面栾学谦谈到的实验条件的缺乏，但更重要的恐怕还是当时的知识界无论在预备知识和思维方式上都还无力消化吸收这些全新的东西。化学知识多多少少还是从遥远的西洋传来的零星孤立的奇闻异事。

郭嵩焘到达伦敦以后第一次有记录的以化学为主题的谈话是在光绪三年四月二十一日，即 1877 年 6 月 2 日，当日他与他的老朋友，英国人马格理聚谈：

> ……略及英国言化学，分别本质不变者凡六十三种。养气，炭气，轻气[①]三者为之大纲，合金石，则化分而析之，而气之本质自在。其诸生物，本质不变，五金之属为多。……中国言金木水火土五行，西国言地水火风四大；近言化学者，谓地水火皆无本质，养气与淡气合而成水，土火尤杂诸气。如水干之即不能还本质，养气与淡气合亦自生水，故无本质，与诸

————————

① 即氧气、二氧化碳、氢气。编者注

气合，即化分之，仍还本质。惟金类为
繁：金银铅铁，种类极多。西学于铜类分
列紫铜白铜二种：紫铜曰科白尔，白铜曰
尼客尔。紫铜合铅则为黄铜，合尼客尔则
为云南白铜。铜合炭气变绿，能毒人。其
五金之属，各有本质，而所用各别。略记
数种：一曰色里西尼，加养气为火石，名
色里戛；一曰马克西尼，微似白铜，炼成
薄片可燃，加养气为石灰；一曰戛尔西
恩，加养气为石灰。炭一分，养气二分为
炭气，又加炭气为石。一曰博大西恩，投
水中变火，加养气为碱。西人于此推求化
学，以辨五金之种类。

从郭嵩焘的记录来看，这位马格理先生所
主要介绍的是关于元素的知识。十九世纪七十
年代以来，由于元素周期律的发现和分光镜的
采用，新发现的元素较之前数年大增，一般
人对此的兴趣也因此大大提高。元素即郭嵩焘
上文中的"质"或"本质"一共六十三种，但

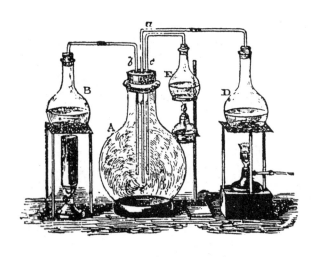

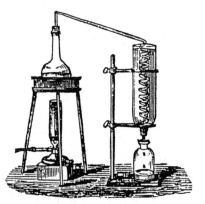

图 12　两个十九世纪化学的典型操作。上图为硫酸制备。下图为蒸馏。（选自 Charles Loudon Bloxam, *Chemistry, inorganic and organic: with experiments*, Philadelphia, 1873）

究竟什么是元素，马氏倒是语焉不详，——或是郭大使未能记录下来也未可知，只是说"本质不变"者。有意思的是，嵩焘对元素的领会，首先建立在和中国古代的五行和希腊四要素对比的基础上，然后删其谬陋，重新整合，当是一个典型的比较—同化的认识过程。接着记录了几种元素，铜是科白尔，即Copper，当无疑义；而云南白铜作尼客尔，即Nickel，应是将镍误作锡了。色里西尼当是Silicium，今作硅，旧名矽，"加养气为火石"一说，当是指硅的氧化物二氧化硅。二氧化硅质地极其坚硬，古时用来敲打取火，又称燧石。至于马克西尼为Magnisium，徐译作镁，戛尔西恩为Calcium，徐译作钙，而博大西恩为Potasium，徐译作钾，描述清楚，一望即知。尽管郭嵩焘知道徐寿的译著，他在谈到元素名称时却并没有采用徐译，因此令我们猜想他事实上大概并没有阅读过徐译。郭嵩焘对于化学当然不是专精，但他对化学出版物的兴趣却颇令人吃惊。光绪三年十月二十八日即

1877 年 12 月 2 日的日记提到，中国留学生

（罗）稷臣在京斯科里治（义案：即
Kings College）学习化学。其总教卜洛克
生，上海新译化学书作蒲陆山，著书数
种，通名"卜洛克生"。第一种言化学之
理，第二种言化学之法。为稷臣言化学书
精者，以哇脱所著三十六册为最。哇脱，
德国人，其书已译英文。凡言化学者名曰
铿密斯脱利（义案：即 Chemistry）。

罗稷臣即罗丰禄，在郭嵩焘到达英伦不
久由李凤苞带领到伦敦学习化学。所谓"上
海新译化学书"即上文提到的《化学鉴原
续编》和《补编》，蒲陆山原著，徐寿译作
二十四卷，1875 年刊行，此时距原书初版
约八年，如以流行的第三版言，那时还不到
三年。两个星期以后，他又听到罗稷臣的
更详细的介绍，而且似乎更加直接和易于
接受：

（光绪三年十一月十四日，1877 年 12 月 18 日）罗稷臣留谈化学，极可听。西洋言天下万物皆合诸质团结而成。其一成之原质，惟有六十二种，而略分三类：一曰实质，如诸金之属；二为流质，如磺强水之属；三曰气质，如养气、炭气之属。淡气合养气，炭气而成，无本气。水合淡气、养气而成，亦无本质。盐合绿气及苏的阿摩而成，亦无本质。苏的阿摩，希腊语作纳，亦金属，可以燃成火光。人身兼有三质，而炭气为多，血中有铁有砂。

罗稷臣先是说了原子结成分子，这是化学的出发点，在当时的英国学术界已是常识。然后说了物体的气、液、固三态，最后是几种常见的化合物如水、盐。留意上述记录中，误把氮气即文中的"淡气"当作化合物，说是由"养气"和"炭气"合成，并说人血里"有砂"，颇不可解，或者罗稷臣当时初学，所知尚未精当，或是郭大使记日记时勉力回忆他所听见的全然不可理解的东西，一时误记。但不论如何，如果以海外奇谈来看这些关于元素的知识，并把它们作为"志此备考"的"一说"加以记录，我想在中国的知识界不会引起震动，甚至可以说是完全没有问题，可以接受的。但是当这些灰暗晦涩的说陈在实验中以绚烂夺目的色彩，夹杂着令人心颤股战的爆裂声出现时，中国的知识界精英们恐怕无法不为之动容。在郭嵩焘一行抵达伦敦三个月以后，他们就有机会亲眼目睹化学的神奇。据张德彝的记录，那是光绪三年三月十五日，即1877年4月28日，是日

阴凉。距公署半里许，有名士戴蕾吕者，善化学电学各艺。已正请往观其试验，遂同黎纯斋，马清臣（马格理），凤夔九，刘鹤伯，张听帆随二星使步至其家。屋宇不宏阔，而玻璃筒罐木匣等具，罗列满壁。

"玻璃筒罐木匣等具，罗列满壁"，这一句话把维多利亚时代的化学实验室描写得如在目前。戴蕾吕即 Warren de la Rue，今译德拉鲁，他在科学方面最大的贡献是在对微弱星光的照相研究，在参观牛津大学天文馆时郭嵩焘还要再听他讲解他的专长。既要获得弱星的清晰图影，就要改进照相技术，于是他又转向化学。今天他要演示的，首先就是我们今日所称的光敏化合物。郭大使一行匆匆坐定，只见戴氏

　　出一木盒，有玻璃瓶十余，装药其中，状如铅粉，向明处照之，摄入光气而成五色，置暗屋中，益明显，须臾而散。言照相镜惟成黑白二色，不能具五色，加入此药乃具五色，然不能久。再过数年，当有法使其色久而不变。

接下来则是一个氧化还原反应。德拉鲁的本行是照相术，所以用的试剂仍是摄影技术中最常用的银的化合物。

先以银纳强水中，银即化为粉。入盐少许，则银粉下沉。泄去强水炼之，则银粉黝黑如碎牛角，再以火吹之，则复成银。凡物炼之化形，皆可还原。

这是先把银溶解在硝酸中，再加盐酸盐，很可能就是食盐，产生氯化银沉淀。氯化银析出后，在空气中进一步氧化，变成黑色的氧化银。所谓"以火吹之"看来是在氢气中加热还原，重新析出金属银。德拉鲁做这个实验的目的，无非是为了向他的中国客人介绍元素在化学反应中不会改变。他利用天平进一步指出，不仅元素本身不变，而且其重量也不变：

如以四两炭灼火，置于二斤重之玻璃罩中。炭化灰后衡之，重仅数分。若封固其罩而烧之，与罩同衡，仍是二斤四两。盖玻璃罩物，最不泄气，故炭虽化，其气仍存。如以皮袋兜取其气，合灰炼之，仍为炭。又烧炭室中，其气外散，草木受之，复成炭材。燃煤炉内，其灰下扑，地土受之，复毓煤胎。铁置久而生锈，刮而炼之，仍为铁。

这是整整一百年前，1774 年法国人拉瓦锡（Antoine-Laurent de Lavoisier）用来证明物质不灭定律的著名实验。张德彝准确地记录了德拉鲁的解说，表明他对所看见的实验有相当的理解。但同时在座的刘锡鸿的看法却比这些实验所要传达的元素和物质不灭的原理还要再前进一步。在日记里，刘锡鸿这样记录这一天的活动："使寓之北半里许，有明士德拉陆义①者善杂艺，十五日请正使与余往观其演试。"然后他先是照样登录了张德彝的记录，"先以银纳强水中"云云，直至铁锈可以复炼为铁，炭灰则复毓煤胎之类，突然笔锋一转，写道："是故人死复生为人，畜死复生为畜，此物理之固然，无可疑者。"

---

① 德拉陆义即 De la Rue，今译德拉鲁。编者注

刘锡鸿的想法是不是受了佛教轮回转世的影响，一时骤难断言，但我们中国人对于"物理之固然"的事，确实常取一种平静的态度，或者说是囫囵浑全地接受，不再作进一步地追究。上述德拉鲁的实验，中国人其实早就见过。先他两百多年，就有精通黄白之术的道士利用这个反应来骗人。最初见于明代的《剪桐载笔》，后来被说书人编辑演义，成了有名的故事，编在《拍案惊奇》第十八卷，说的是有一个道士用诈术骗人，伪称能点铜铅为银，上当的人不少。说书人于是评论说："看官，你道药末可以变化得铜铅做银，却不是真法了？原来这叫做缩银之法。他先将银子用药炼过，专取其精，每一两只缩作一分少些。今和铅汞在火中一烧，铅汞化作青气去了，遗下糟粕之质，见了银精，尽化为银。不知原是银子的原分量，不曾多了一些。"至于究竟如何变化，为何变化，似乎不在议中，此所谓大而化之。这种囫囵浑全的做法显然和儒家的"天地人儒也"的高度综合的思维方式相一致。这种综合的思维方式，有时便于在更大的尺度上全面综合地考察问题，但同时也引发了如锡鸿所作的那种不伦的类比，这和以语言唯恐不严密，分析唯恐不细致的现代科学的思维方式，当然是格格不入了。

但是科学既然揭发了现象之间的因果关系，而因果关系对人的直觉又常常是如此地不言而喻，即所谓如影斯随如响斯应，科学也就有可能在即使像中国和西洋这样绝不相类似，很难比较沟通的文化之间找到重叠的部分。在看了化学实验以后，刘锡鸿有机会同洋人聚谈，对于疾病的看法竟然也起了变化。他自述在 1877 年 4 月 28 日：

> 案马氏所是日……至夜，身体殊不适。马格理曰：此郁居一室所致也。外洋谓天气为养气，谓人腹所吐及凡物郁积之气为炭气。人受养气多则无疾，受炭气多则疾生。故须游行空旷，常见天

日，以吸养气。即止于室中，亦宜敞开窗牖，使与养气相接。

说和中国传统的说法颇有相合，所以刘锡鸿没有感觉困难即予接受，另外例子似也通俗明白：

> 假如有人于此，其体素健也，其所居广厦也，饮食非缺也，阖其扉，塞其牖，尽弥其罅隙，不及数日，其人必死。以养气胥决，所吸皆炭气也。深房邃阁，键闭久之，乍入之而死者，中国以为逢祟，非祟也；船舱地窖，蓄积米豆，蓦进之而扑者，中国以为中毒，非毒也，皆炭气所为也。

这儿所举的三个例子，究竟是锡鸿自己联想发展的呢，还是马格理用来当作佐证的，遽难断言，但它们所表现出的强大的说服力，却是人人可以感受到的。化学和我们已经讨论过的天文生物诸学问的一个明显的不同是它的实用性，这对于被洋人洋枪、洋炮、子弹、炸药打得糊里糊涂晕头转向的咸丰同治时期的中国人，更是感受深切。正如罗稷臣所说，"化学之用多端，有军火之用，有农务田种之用，有六畜之用，如某气杂某气则易肥大之类，有五色之用。西洋人考验精微，而力驳中国言黄白之术。谓五金皆本质，比假他质配合，无可变化之资也。"郭嵩焘和他的同事们，甚至刘锡鸿——尽管他常以鄙薄西学守旧不化为人诟病——都很快了解到，除了造炸弹炸死人之外，化学还可以帮助人生活得更健康，这就更是引起了普遍的兴趣。刘锡鸿现在得到的马上可以付诸实用的原则是：

> 火最食养气，故闭门熟睡，不可炽火。
> 水最食炭气，故卧榻之旁，不妨置水。

类似的记录也见于郭嵩焘。在和一位洋医师谈话中，郭嵩焘了解到了炭气即二氧化碳和人的关系：

> （光绪三年八月二十五日，1877 年 10
> 月 1 日）洋医师惟善（在初译为施密特，
> 盖洋姓也），送书数本，盖教士之习医者
> 也。论……引生气除炭气。气有四：曰
> 养气，曰淡气，曰湿气，曰炭气。生气
> 百份，养气居二十一份，淡气居七十九
> 份，斯为中和之气。炭气与炭同类，一
> 出于人之呼吸，一出于火之焚烧，在生
> 气不过千分之一。凡有血气之类，独吸
> 炭气即死。

这儿的"生气"就是我们今天所说的空
气，而引人注目的是关于炭气即二氧化碳的
知识。郭嵩焘不仅正确地指出了空气中二氧
化碳的两个主要来源，而且知道二氧化碳致
人死命的原因和血有关。他当然未能再进一
步说出血红蛋白和二氧化碳的结合之类的细
节，但单单这一句"凡有血气之类"的总结，

就够令人吃惊了。我们还注意到"在初"即张德彝在这儿的翻译，看来这些通洋文的年轻人真是起了了不起的中介作用。除了使馆的工作人员以外，在稍后一些的时候，留学生更是沟通中外知识和人事交流的重要渠道。我们很容易注意到，在郭嵩焘关于化学的记录中，有相当大的一部分来自于留学生罗稷臣。但是，正如我们反复力图指出的，接受科学所提示的若干事实，采纳个别的结论和完整地理解科学，特别是科学精神，实在是两回事。在英伦的两年多时间里，郭嵩焘一行有很多机会接触到化学方面的学者，观看化学实验，最初的一段时间里，记录一般说来尚称丰富翔实，但是大同小异。抵英一年多一些以后，情形有了变化。在一则谈论化学最新进展的日记里，郭氏表现了和以前所记确实迥异的态度，引起了我们的兴趣。这是光绪四年正月二十四日，1878 年 2 月 25 日，他记录了一项他听说的化学理论方面的重要的进展。至于这一消息从何而来，未见记录，对我们的研究说来殊为可惜，但在前一天中郭嵩焘恰恰提到李凤苞偕罗稷臣访曼彻斯特归来，畅谈游历见闻，或假定这一番消息来自罗氏，当不太离谱：

> 西洋治化学者推求天下万物，皆杂各种气质以成。其独自成气质凡六十四种，中间为气者三：曰养气，曰轻气，曰淡气。气亦有质，可以测其轻重。其余多系五金之属。以金质可使凝，可使流，可使化为气，而其本质终在。西洋于此析分品目甚备。数十年前，英人有纽伦斯，推求六十四品中应尚有一种，而后其数始备。至一千八百七十一年，日耳曼人曼的勒弗始著书详言之，谓各种金质，辨其轻重，校其刚柔坚脆，中间实微有旷缺，应更有一种相为承续。至是法人哇布得隆又试出一金，在化学六十四品之外，名曰嘎里恩摩，其质在锡与黑铅之间。其试法亦用英人罗尔曼

洛布尔斯光气之法，凑合五金之质，加之火而以镜引其光，凡有本质不能化者，必得黑光一道，杂六十四品试之，则得黑光若干道。又于其光之左右疏密，以辨知其为何品。……试之有异，乃悉取铅锡二种金，权度比较，杂合烧之。其光分析，各道疏密适相备也，于是乃增化学之言本质者为六十五品。

这段文字可以分成三段来看。开头和以前很多类似的记录没有什么太大的区别，说是天下万物共有六十四品等等，但从"至一千八百七十一年"起的第二段，明白记录了俄国人门捷列夫，即郭氏所称的"日耳曼人曼的勒弗"关于周期表的工作，虽然稍欠准确，其大意完整，足以引人注目。更令人吃惊的是从"至是法人哇布得隆"起的第三段。哇布得隆即 Lecoq de Boisbaudran，现在通译作勒科克，在以后的学术生涯中他将取得和本生、基尔霍夫相抗衡的名声，而现在还只是锋芒初露，以在比利牛斯山的闪锌矿中发现元素镓而得以扬名于世。

先是，圣彼得堡的化学教授门捷列夫分析了当时已知的六十三种元素的化学性质，发现如果按元素的原子量排列，这些性质呈以每隔七个元素为单位的周期性变化。他以这种周期列表，遇到有不符合他的理论所假定的这种周期性的地方，即插入空位，即郭嵩焘所谓的"中间实微有旷缺"。门捷列夫进一步假定还有尚未发现的，但性质符合周期律要求的元素存在，并且在周期表中占据他所预设的但完全是虚构的位置。1869年他的工作发表，世称门氏周期表。周期律既为假说，其正确与否自然是谁也不能断言，但以此为基础作推论，却可以具体地预言几种尚未发现的元素的种种性质。1875年8月，勒科克发现了镓，并很快发现镓其实正是门氏所预言过的一个元素，当时门氏名之为埃卡铝，意为在周期律中排列在铝后面的一个元素。对镓的性质的研究表明门氏在五年前对此一元素的性质，预言准确到了令人难以置信的地步。整个学术界为之震动，而周期律的真理性也由是确立。

郭嵩焘在这儿记录的，正是这一段历史，距 1875 年 9 月 20 日巴黎科学院正式宣布勒科克氏的发现还不到两年半，可谓相当的及时。按国内对门捷列夫的工作的最早报道，据张子高等人的研究，当在 1901 年初，见于杜亚泉主编的《亚泉杂志》第六册，虞和钦译，有主编亚泉的按语，略云"周期律向来译书未曾述及"云云，和徐寿的翻译相比，整整晚了三十年。在化学知识介绍方面独独冷落了周期律，大概是因为国人最初对化学的了解，常集中于应用方面。这显然是当时的环境，尤其是知识界痛惜国力衰弱，急于改变现状，急于求成所致，但另一方面也反映了科学理论的理解和接受不同于个别的科学结论，个别的事实的采纳；理论的接受不仅需要知识的准备，而且还需要文化上的一种鉴赏能力。

郭嵩焘的这段日记因此极宜留意，不仅在时间上早于《亚泉杂志》二十多年，而且在谈论镓的发现对于周期律的意义方面更远远超出了他同时代的知识精英的认识。在叙述了镓实际上只是印证了周期律的理论预言之后，郭氏重提了他半年前了解到的关于海王星发现的故事：

> ……因忆往年英人阿达摩斯，法人利非里亚相与测天文，以为尚有一星当见。已而意大利人测出之，名曰勒布登，译言海王星也。其法视日轮上下五星相联次，而测其中空缺处，以求其行度与左右行星吸力。盖其星视日轮为远，则其周天之度亦愈加广阔，是以历无验及者。

郭氏注意到，这两者都是先有预测，后

有发现的。对海王星而言:"西洋天文士凭空悟出,则遂有人寻求得之。"对镓而言,则是门氏发现元素周期律"中间实微有旷缺",而法国人又寻得一金。郭氏显然是自觉地认识到了这两个发现个案的相类似之处以及它们的特殊意义,认识到在这两个事例中,发现了一件物事只是其科学成就的一小部分,而真正重要的在于洋人的这种做法。郭氏当然不可能有更加清晰的叙述,但他确实有敏锐的洞察力,说到了点子上,对洋人的科学成就赞誉有加:"即此二人(义案:指发现镓和天王星的两位科学家),亦略见西人用心之锐与其求学之精也。"

案科学并不等同于关于自然的知识,后者是科学建立发展所必须的一个条件,但绝非,而且远非科学全部。近人做中国科学史,有执着于个别事件、个别论述,哓哓然以为此即"古代科学",其实是走错了方向。科学是一个完整的系统,自有其结构和规范。要而言之，先是对现象的观察和测量，通过归纳整理，得出一种假定性的说辞，是为假说；在理论允许的范围内作演绎，得出若干推论，这些推论常可以与事实或现象作比较对照；如果相符，则整个理论成立。所以人对因果关系的认识，或广而言之谓科学的认识，实在是建立在"对预期的验证"之上。这是科学真理性的本质所在。郭嵩焘所注意到的、所选择记录下来的这两个事例以及和它们相关的史实，该是国人对于科学精神的最早的接触和品鉴。

本章参考利用了袁翰青关于中国早期化学教学的研究，徐振亚、阮慎康关于徐寿译著的研究，张子高、杨根关于杜亚泉的研究，曾昭抡关于江南制造局所译诸书的流传的通信，M. E. Weeks 和 H. M. Leicester 关于周期律的建立和验证的研究，谨此致谢。

波斯阿非司—得利喀纳福
Post Office–Telegraph
邮电局

　　沿着伦敦市中心最热闹的霍尔本（Holborn）街往东走，穿过法灵登（Farringdon）街，就上了一条稍窄的新门（Newgate）街，街的右边是贝尔（Bell）旅社，1684年大主教莱顿（Leighton）就死在这里。再走不多远，到了圣马丁-勒·格兰（St. Martins-le-grand）街口上，迎面看见的就是邮政总局。这是维多利亚时代伦敦人引以为傲的一处建筑，——即使以今天的眼光看，也仍旧称得上巍峨。这座花岗岩的大厦，长120米，高21米，由罗伯特·斯默克（R. Smirke）勋爵设计，历时五年，最后在1829年9月底落成交付使用。大厦正面，六根爱奥尼亚涡卷装饰的大立柱及其正上方硕大的三角形拱顶，构成正门，而两侧的边门则另由四根类似的柱子烘托，和正门遥遥形成左右对称，使这座希腊式的建筑在难得一见的灿烂的夕阳里显得更加庄重典雅。这就是王韬在同治七年即1868年春天途经伦敦时所见到的情景。他在他的游记里写道：

图 13　十九世纪六十年代的伦敦邮政总局。（选自 Eklisee Reclus, *Londres illustre*, 1865）

偶过电信总局，入而纵观。是局楼阁崇宏，栋宇高敞，左为邮部，右为电房，室各数百椽。内植奇花异草，种数繁多，几莫能名。盆中一树，高约二尺，上罩玻璃。其叶如艾似榕，叶上生叶，攒簇茂密。询其名曰"子母树"，乃由远地携来。总办师蔑（义案：当为英人名 Smith）导

图 14　十九世纪八十年代的伦敦邮政总局。（选自 Sir Walter Besant, *London in the Nineteenth Century*, 1909）

览各处。堂中字盘纵横排列，电线千条，头绪纷错。司收发者千余人，皆绮年玉貌之女子。

王韬注意了三件事。一是栋宇高敞，这是当然，这么高大巍峨的建筑，谁看了都会印象深刻；二是这幢大楼里种了不少植物，他好像颇花了些时间观看这些奇花异草；三是收发女子皆绮年玉貌，这是王韬至老津津乐道的一个主题，常涉浮艳。至于他说"千余人"倒是没有夸张，我们知道，在十九世纪五十年代，在这一大厦里工作的确实多达一千五百人，约略占整个伦敦区三千三百名邮政雇员的一半。

十年以后，去美国参加世界博览会的李圭途经英国回国。在费城东部市场（Market East）上船，经过十天的颠簸，光绪二年九月二十二日，他所乘坐的"罗得克赖夫"号驶近英国海岸。这时他虽尚未抵达伦敦，但因海浪平静了许多，所以有兴致走上舱面，极目海空，纾缓一下几天的辛苦惊吓：

> 二十二日，能至船面小步，胃口颇健。……戌正二刻，舟过发四纳地方，距岸约十二里，遥见一灯，忽隐忽现，船桅亦悬灯应之。询知此处距君士汤埠（在英属爱尔兰岛东南）仅二百二十八里，设有号灯，见船桅灯为何色，即知为某某公司之船，可由电线寄信至君士汤埠，俾彼处搭客预备上船，并收发书信。一面由君埠电信报雷城，使知此船将到，再由雷城报知（该船原出发地）费城，则船尚未抵岸，而雷、费两城新闻纸已刊布。凡搭客两处亲朋，心皆慰矣。

李圭在旅途中的焦虑是可以想象的。和他的前辈一样，李圭从小读书应试，想走的是读书人的正途，结果不幸生于乱世，太平天国战乱中，他的家乡屡罹兵燹，而他自己则落得个家破人亡，被太平军挟持，留在军中做了三年文案，好不容易才只身逃脱，过上了几年好日子。从纽约到英伦十几天的航行，一忽儿雾气溟蒙，海天不辨，一忽儿风声水声相叱咤，船身海势相扑击，真不知道能不能安全到达。而现在，有赖于电报的便利，"两处亲朋心皆慰矣"，真是让人松了一口气。再次日，船到利物浦，李圭惊讶地发现，在英国休假的海关税务司副司长屠迈伦已经在码头上等着接他了。原来身在费城的赫德给屠某发了电报，"请其来照料也"。

有屠某的帮助带领，李圭免检通过海关，直奔伦敦。一到城里，又有税务司金某派来的"英人胡姓来此引路"，送至旅馆，"房屋高广，铺设华丽，即金君得电报后所备者。"原来电报真是方便，这一路上，李圭深深领会到电报的好处，所以尽管在伦敦只作短暂停留，他还抽空特地去看了电报局：

图 15　英国王子出席介绍电报的晚宴。（选自 *The Illustrated London News*, 1870 年 7 月 2 日）

　　电报局楼高四层，与邮政局相对，归邮政大臣管辖。惠仪两君偕往。见电机设于二层，有木柜长约四丈，高六尺，深尺余，界为两千数百格，每格若小箱然，各有一铁线。凡地球各国通都大邑，皆可通信。大小电机千数百具，用人约七百名，女多于男，每人管机二三具由局寄往他处之信，以码代字，按字拨机，随写随动，随动随达。动毕，而彼处已得信矣。其接他处之信，视电机一动，随即照字录出，送至别室。

李圭看得比王韬仔细，他注意到电报的写法是"以码代字"，这儿的"码"很可能就是摩斯电码。塞缪尔 F. B. 摩斯（Samuel F. B. Morse）是纽约市立大学的教授，早在1832年去欧洲旅行的船上，他就有了一套用"码"来传递文字的想法。可是他运气不佳，英国人不怎么相信他那一套，直到1844年才在美国做成第一次成功的传递。虽然早在1845年英国就对公众开放了从伦敦到戈斯波特（Gosport）的电报线，但并未采用摩斯码。直到电报通信被广泛采用以后，各国使用统一的电码才作为一个急迫的问题被提出来，而摩斯才最后得售其技。十九世纪五十年代，欧洲大陆各国先后采用了摩斯码，英国则稍后之。但是到了十九世纪七十年代初，这种编码在英国也已广泛采用。张德彝曾记录说"英国寄电信，有用字母者，有用小横与点以代字者，经合众国人摩斯创于公元 1870 年，法系横用一点为 E，二点为 I，三点为 S……"。他一定对这一编码印象深刻，在他死后出版的《哀荣录》里，还有一页特别刊出了他记录的电码。陪同李圭参观

图 16　张德彝用"电信新法"即数字—字母—汉字翻译系统翻译的一首诗，可用电报发送。这么一首小诗而被慎重其事地选入《哀荣录》，可见时人对此的重视。

电信局的"惠仪两君"失考，但似乎并非邮政部门的工作人员，所以看来不如张德彝渊博，未能为李圭提供更多的资料。

电报对于国计民生的意义几乎是不言而喻的，当然不会逃脱对于富国强兵处处留心的郭嵩焘的注意。在抵达英国以后不久，光绪三年二月初一，即1877年3月15日，郭大使应"信部尚书满剌斯约赴波斯阿非司-得利喀纳福观电报"：

> 管电报者非舍得。凡分数堂：伦敦一堂，所辖各部二堂，各国一堂，新闻报一堂。……凡设电报数百千座，每座一人，垂髻女子至八百余人。电报各异式，而总分三等。一设二十六字母，用指按之，此旧式也；一盘纸转而运之，以着点长短成文，而视其断续成句，此新式也。二者皆及见之。一辨声知字，运用尤灵，其机尤速，此又新式之尤奇者。

其前为电报牌约千余，视其座之数。其下盘电线，皆用数目标记之。再下亦设牌，引电线入池，强水盒过电气者列其前，又一人司之。

郭嵩焘所见和王韬、李圭又不同。一是有电信局的主要负责人陪同，了解自然比较系统全面，看到了旧式的按键式和新式的纸带式的两种电报机，——至于所谓的"辨声知字，新式之尤奇者"，他没有能见到，以文意揣测，可能是关于刚刚在发展的电话的传闻。他后来还从英人马格理处听说有一种"声报"，可及六十里远，"鼓弦纵谈，六十里如在左近。"事实上，他稍后的确在南堪兴坦博物院①看见了这种新鲜玩意儿。据他的翻译张德彝所记，那是"英人贝腊（义案：即Alexander Graham Bell，今译亚历山大·贝尔，他是美国人，但确实生在苏格兰，德彝可能

_____

① 南堪兴坦博物院即 South Kensington，今译南肯辛顿博物馆，现称维多利亚与阿尔伯特博物馆（Victoria & Albert Museum）。编者注

因此称之为'英人')新创一种电气传音器，名太来风者（即 telephone），系人口向皮筒言之，声自传闻数里或数百里。"郭嵩焘好骛新奇，一定对这种电气的使用多有咨询。一个月以后，他的好朋友，科学家德拉鲁让他在电学方面大开眼界：

（1877 年 4 月 27 日，光绪三年三月十四日）谛拿尔娄①约至其家听讲电学。收贮电气八千八百瓶。略记其言电学精处。……其一，张玻璃管引电气，而硝强，磺强，盐强为色各异，入管内辄成小轮，或斜射如鱼骨，以气之纡疾为光之疏密，力愈弱则光愈散。其一，引轻气以敌电气，张玻璃管吸取轻气纳入之，而引电气过其中，则成小圆轮，疏疏落落，……其一，电气相接而过，稍空分秒则中断，尽引八千八百瓶之电气则力厚，穿空而过，可及三分寸之一。其一，化

———————
① 谛拿尔娄即 De la Rue，今译德拉鲁。编者注

水为气，……用两铜锥系金丝其端，鼓气以通电气，约历时一分半，双引电气至锥端，其声相薄如雷，而金线立化。白金丝化作一小粟，黄金丝则化入玻璃片，若界画然。……其一，电气之力化为吸气。安指南针于架，前后两轮，约电气线数十重，引电气过而针自动移，……

郭嵩焘的这一段描述实在不太高明。他那一天一定是看了很多演示，然后在事后根据印象记录下当时所见。他既然不能理解他所看见的东西，自然眼花缭乱，记录也就词不达意，甚至难免有些误记。就现在我们所见的文字，大概有这么几件事比较清楚：一是德拉鲁所用的电源相当的强大，若以八千八百只单电池计，总电压可达一万三千伏特。一是实验演示时首先用这一高电压作气体电离放电表演。不同的气体在不同的稀薄程度下通电，会形成类似极光的光晕，现在我们叫它作电离。电离的现象依所用的气

169

体、电压的高低以及所用气体的稀薄程度而不同。而郭嵩焘所谓的"气之纾疾"指的大概就是玻璃管内的真空程度。部分真空中的放电在十九世纪上半叶为很多研究者差不多同时注意到。这一现象非常美丽迷人，虽说对于电或气体的理论未能立即提供深入研究的线索，当时却是为一般公众所预备的科学讲演中最受欢迎的一个节目。几乎和郭嵩焘在英国观看这一表演的同时，光绪三年五月间，上海格致书院里最早接受西学的中国学者也正在做相同的实验，后来在该院出版的《格致汇编》里有所描述。这篇文字可能出自徐寿或傅兰雅之手，所以看起来比郭嵩焘的叙述要来得更清楚可读一些：

（光绪三年五月，狄考文（C. W. Mateer）讲电学）来听与观众之客有五十余人，讲附电气之理甚清楚。用器具显出附电气之性质最为灵巧。所试演之事用抽气筒在玻璃罩内得真空，而真空中通附电气，又用大小玻璃管内充轻气、氧气等，令附电气通过，其颜色最为可观。

即便在科学已经发达的维多利亚英国，这一实验所牵涉的，仍是当时物理学最前沿的问题，对于此一现象的可能的解释仍是学界长时间讨论的课题。在看了实验以后，郭嵩焘问主人："电气入玻璃管而成轮花，何也？"这倒是真把饱学的物理学家给难住了，德拉鲁只好据实以告："此自然如此，其理尚未能格也。"

下一个演示是以一万伏特以上的电压击穿空气。据嵩焘的估计，两电极之间的空隙有三分之一寸也即将近一公分之多。最后叙述的一个实验最清楚，那是电流产生磁场引起指南针偏转的表演。这一电流的磁效应是法拉第在1821年圣诞节前几天发现的，并在节日当天给法拉第夫人做了表演。法拉第的发现由他的学生丁达尔详加记录。这个后来被郭嵩焘称之为"定大"的人在评述法拉第这些电和磁的工作时说："我不能不认为……关于电磁的这些发现是迄今为止所获得的最伟大的实验成果。这是法拉第成就的勃朗峰。"现在郭嵩焘就坐在皇家院士"定大"家的客厅里，观看他重复乃师的像勃朗峰一样伟大的实验。

我们当然可以肯定"定大"完美地完成了这些演示实验，我们也可以同样肯定郭嵩焘什么也没有看懂。他自己恐怕也觉得有些遗憾，在当天的日记最后写道："吾于此等学问全不能知，姑记其所言如此。"虽说不懂，郭大使对"此等学问"的兴趣并不见丝毫减弱。他不仅看，而且发问，不仅发问，而且详加记录。他是为什么呢？

在他当天所记下的七八个实验中，排在第一的一段文字，除了和先前郭大使看到过的电报局似乎有些关联之外，在我看来实在是不知所云：

其一：以小铜丝分引电气，谓之耽误^①（义案：delay？继电器？），可以耽误至万分。……制小木箱贮铜丝而插牌其中，由一分至万分，分牌记之。安设电报，中途有断处，亦可由分数推知其里数，而知其断处当得几万几千几里。

如果略去对实验本身的描述，我们看见郭氏所记，重在这种"耽误"的应用。案在电报的早期铺设使用中，保护线路不使受损，以及一旦发生线路损坏如何迅速判断损坏地点以便及时修复，一直是一个大问题。这一问题的存在及其重要性并不需要高深的学问就可以充分地认识，因此也可以想象，深思敏锐的郭大使对此自然也有注意。而现在，通过一种"吾人完全不能知晓"的学问，这个问题竟然可以迎刃而解，这种学问本身的价值即不问可知了。电学理论以其可见的实

① 应为电阻（resistance）。编者注

用性轻而易举地向中国客人证明了它自身的价值。岂止郭嵩焘所见如此，十年前王韬早就作了相同的判断：

> 按电学创于明季，虽经哲人求得其理，鲜有知用者。道光末年，民间试行私制，而电线之妙用始被于英美德法诸国，其利甚溥，其效甚捷。凡属商民荟萃之区，书柬纷驰，即路遥时遍，顷刻可达，济急传音，人咸称便。

"其利甚溥，其效甚捷"，当然值得予以特别的重视。当年九月初十及十二日，郭大使应邀访问了"电气厂"。这两天的日记长达四千多字，记录了"用热力发电"和"可以去头风"的各种电器。在厂办公室里，他还试用了刚刚发明的电话，听技术人员详细介绍了电话的原理："声在耳中，如锥刺之，则自知痛，痛不在锥也。铁膜动，与耳中之膜遥相应，自然发声。"这段说明在我们今天对电话原理有所了解的人听来似乎还算清楚，但对于既无人耳的解剖学知识，又对电器机械一无了解的郭嵩焘来说，实在是太难了。在照录他所听见的介绍以后，郭嵩焘写道："然其理吾终不能明也"。尽管如此，他还是兴致勃勃地参观了电器厂的各个车间，包括制造水雷激发装置和制造我们今日所谓的"漆包线"，郭称之为"电线加浆皮"的车间。值得留心的是，郭嵩焘尽管一再声称他对于所看见的东西完全不懂，但仍然备加注意。不仅听而且问，不仅看而且记，而且记录极其详尽。不久，郭嵩焘又有机会了解到电气应用的又一个重要的发展，所不同的是，电报是英、美、德、法诸国已经广泛采用了的，电话是已经成形可以付诸实用的，眼见为实的新技术，而这次看见的，却是当时正处在研究探索阶段的东西：

（1878 年 3 月 22 日，光绪四年二月）

十九日晚赴斯博得斯武得之召，……酒罢，

同至罗亚苏塞也得会堂听定得尔谈声学。谛拿娄[①]为之主。首观电气三四种，一种制白金线长二尺许以通电气，激水轮以发之，则白金全体俱红，火光灼人，轮停，火亦随熄。一种发电气圆如月。满堂煤气灯照如白昼，电气一发，如日中天，煤气灯光顿收，望之才如火点而无焰。最后讲引船灯楼激火发声之理。……西洋博物之学，穷极推求，诚不易及也。

这儿的"罗亚苏塞也得会堂"即 Royal Society Hall，皇家学会会堂也；而"定得尔"就是他以前称为"定大"的电学开山人法拉第的高足丁达尔——无论是讲演的主办者还是主讲人，都足以当一时之选。丁达尔常年致力于向公众介绍科学知识和研究进展，先后主持过五十多次以乃师法拉第命名的科普演讲，三百多次日间报告会以及十二次圣诞节科学报告，场场精彩，这一天的盛况于

---

① 谛拿娄即 De la Rue，今译德拉鲁。编者注

是也可以想见。他所要展示的，是十九世纪七十年代物理学研究的一个大热门：用电力发光，而电力的来源，并不是当时一般人所熟悉的电池，而是通过机械运动和磁场的相互作用，"激水轮以发之"而产生出来的感生电流。当郭嵩焘和他的英国科学家朋友们酒足饭饱，走进皇家学会会堂时，天已经全黑了，而"满堂煤气灯照如白昼"，这一景象本来已经够令人印象深刻的了。王韬在十年前，即同治七年（1868年）春天初到伦敦时，曾由此激发文思，几乎把英夷番邦描写成了天堂：

> （伦敦）每夕灯火不专假膏烛，亦以铁筒贯于各家壁内，收取煤气，由筒而管，吐达于室。以火引之即燃，朗耀光明，彻宵达曙，较灯烛之光十倍。晚游寰阓，几如不夜之天，长明之国。

王韬是十九世纪有数的几个见多识广的

图 17 伦敦蓓尔美尔街（Pall Mall）在十九世纪一〇年代后期第一次使用煤气照明，受到了包括化学大师戴维 (Humphry Davy) 在内的科学家的批评，认为不够安全，但也引起了民众的热烈的兴趣。（选自 William Besant, *London in the Nineteenth Century*, 1909）

中国人，而煤气灯竟然把他镇住，以为到了长明之国，可见其景象之灿烂了。但是在郭嵩焘笔下，煤气灯直是光焰顿收，"望之才如火点而无焰"，好像是在《封神榜》里比宝，连小巫见大巫都称不上了。这时候，知识所产生的力量应该是可以切身感受到的了。大部分人对科学的接受，并不是他们对科学有深入的了解，而是他们对科学所产生出来的结果感到震惊慑服。即如对西学深恶痛绝的刘锡鸿，对电学的结果也有深刻的印象，也不敢率然表示否定，而其下面一段的最后一句中批评的"中国士大夫"，当是暗指郭嵩焘，盖当时两人已成水火矣：

> 电学者，以小筒盛两金并硫磺水，入铜铁线于水中，但使其线相接万千里不断，则电气直及万千里，可以裂金石，碎铜铁，可以击人至毙，置之暗室，则其光闪烁，与天上之电无异是也。……此皆英人所谓实学，其于中国圣人之教，则以为空谈无用。中国士大夫惑溺其说，往往附和之。

锡鸿对于英国人看不起中国的圣人之教很反感，对电学多少有些藐视，颇为后人讥为无知。细检我们现在所采取的对科学的态度，其实并不一定比他高明多少。因为大多数人对于科学的接受或崇奉，并不见得真正来自对科学的理解，而是一种对流行文化的囫囵的接受。有多少人真正懂得原子弹氢弹的原理？常人十之八九对此其实是一无所知，但所有的人几乎都毫无例外地对原子物理怀着敬意，因为这玩意儿一下子可以要十几二十万人的命。不仅据说如此，而且我们知道在七十年前美国人真的如此做了，而且真的要了日本人的命，自然小觑不得。胆敢藐视原子物理的，不是因为他不懂物理学，而是因为他愚蠢到连这么有名的大事都不知道。这就是一种文化，崇敬科学的文化；虽然不懂，但是崇敬；虽然不能理解，但是总想多少了解一些。

光绪三年三月二十八日，张德彝给郭嵩焘送上了两本洋书，后者郑重地在日记里记下："德在初（张德彝字在初）开示德非陆送来电气格物书名二种。一曰佛尔格逊电气学，一曰德沙纳拉格物学，……论光学、热学、电气、吸铁石凡四卷。前谛拿娄言电学以弗斯克森为最佳，在初所云佛尔格逊，殆即其人也。"

　　我想郭嵩焘当时应当没有能力阅读理解这些电学论著，但是他在参观电器厂时的确曾向英方技术人员询问"电学书"，半年以后又通过留学生觅购这一类科学书籍，并指定要"罗阿得和弗来明金根两种《电学》和拍尔塞《藏学》"，而这正是当时他在电器厂里听来的名目。唯一可以留心的，是徐建寅此时正在上海和傅兰雅合译瑙挨德《电学》，是书稍后在光绪五年出版。徐译电学十卷，第九卷全讲电报，包括 1858 年刚刚铺设完成的大西洋海底电缆电报的技术细节。郭所指的"罗阿得"是否就是徐译"瑙挨德"当然无法得证，但电学在这些年颇是吸引了中国吸收西学先进们的注意，当是不争的事实。至于张德彝本人，在后来官阶升至可以直言上陈时所写的少数几份条陈之一就是论电报电信的重要。电学于国计民生的重要应用自然是它引人注目的一个原因，而对郭嵩焘而言，恐怕是在皇家学会会堂所闻所见更是的确令人震惊难忘。第二天，他好像很是花了些功夫作了些探讨议论：

> ……久坐畅谈。英国电学造端于法来里（义案：今译法拉第），即定得尔所从受业者也。其言以为得吸铁石一杵，交络铜线为环，套入吸铁石则生电气，不必电气之所以出也。偶一触之，电气随之而发，一瞬辄过，因此知吸铁石能生电气，电气亦必能为铁吸力。同时萨喀斯敦因制铁为长条，用铜线裹以丝，络其上，引电气过之，则铁条力发，亦能吸铁。其时格致家始察知电气源于吸铁石，其生无穷，而尚未能尽电气之用。……通计此四十年，电气行而天地之机械亦几发泄无余矣。

这儿所谈论的电磁感应、法拉第的工作、电磁铁，是格致家所了解的事，郭嵩焘当然完全不明白。但是他能明白的，或者他相信的，是电及其相关的学问，"其生无穷，而尚未能尽电气之用。"郭嵩焘注意到"中国无字母，仍借西洋字母为用，是以（电报）其势尚难通行"，但是他对西洋实学的信心却很是坚强。光绪四年二月初一，在了解到关于电灯的实验还有一些问题，因此电灯的普及尚自困难，"至今尚未得其法"时，郭嵩焘即预言说，"计一二十年后，各国皆当用电气，照路灯无复有用煤气者矣。"他的这个判断，建立在过去四十年电学的发展之上，由此而及彼，他自然有信心说电学的将来应该是不可限量的了。

郭嵩焘当然是对的。十五年后，薛福成到了英国，看了泰西邮政，在日记里写道："东至中国、日本，南至新金山，西至美国，虽数万里外，通传要信，捷于影响，迩于户庭。奇妙至此，神乎技矣，真令人不可思议。"在薛福成的时代，中国人的见闻知识与郭嵩焘时已不可同日而语，而薛福成对电报的赞誉，甚至电报的实际采用，也不再遇到什么人的认真反对了。我们感兴趣的，却还有更深的一层。国人对电学的信心兴趣，由电报的应用而理论，确实说明了从知识物化出来的力量是不可抗拒的。喜欢也好，不喜欢也好，理解也好，不理解也好，非接受不可。但是作为知识本身，尤其是理论知识，除了有直接的应用性效果以外，却并没有这么强大的力量逼使人立即接受不可。至于知识所由产生，所得以成立的科学方法和科学精神，则更远在一般人的理解想象之外。于是产生了长达一百年的"体用之争"：我们能不能接过洋人的技术成果为我所用而不改变我们为之骄傲的传统文化，换言之，我们能不能兼收并蓄，让洋人的奇巧技艺和古人的深睿哲理两峰并美，同时灿烂于中华；或者我们必须在鱼与熊掌之间作一非此即彼的选择？这一两难抉择的深刻复杂，远非郭嵩焘、薛福成辈所能想象，也非今日大部分自以为贯通融洽了中西文化的人所假定的那样已经解决，这种深刻的冲

图 18　朝鲜事变时驻外使节利用电报中枢请示。（选自
《点石斋画报》，1894 年，丙，七，五十六，金桂画）

突只不过是被技术的辉煌应用所掩盖，而问题
本身则以一种更加隐而不露的方式退到了幕
后，更不易为人所察觉罢了。

　　1896 年 8 月，李鸿章访问伦敦邮政总局，

当时该局的工作人员已经增至三千人，规模之大，令李中堂"心甚震动"。到承办外国电信的"他国之院"，局主"瑙馥公爵"请操作员给巴黎柏林发报，顷刻得到回电，令"中堂喜动颜色"。8月14日，也就是离开英国的前一天，李鸿章由其子李经方和译员罗稷臣陪同抽空去参观了连接英法和英美的海底电报。这个罗稷臣就是二十年前给郭嵩焘讲解化学的留学英国的学生。英人特请李鸿章向上海试发急电：

> 中堂欣然口授译员一函，凡六十八字，嘱发至上海轮船招商局。……旋为之照码传发，时正上午十点二十九分半钟。甫越二分半钟，即接印度麦夺兰思城复电云：十点三十一分钟接电，已转递上海矣。及十点四十五分半钟，又接上海电局复电云：十点四十二分接电，已飞递盛道台矣。

在等待上海回电的同时，上海、香港、

新加坡、印度等地因为知道李中堂正在伦敦电信局参观，一时致敬问候电报纷沓而至，确实足以让中堂大人"喜动颜色"，而上海至伦敦一万两千六百多里，往来电函仅花了十二三分钟，所谓"一弹指之顷，业已如响斯应。"技术的力量不需要任何解释，技术的进步也无法抗拒。电报的采用和普及在中国几乎没有遭遇任何反对。国人在享受电报带来的方便快捷时，毫不犹豫地同声赞颂技术的伟大，但却很少再费心追究科学之于文化的意义了。

本章写作参考利用了 George Bartlett Prescott 关于英国电报事业早年发展的研究（1890年），Charles Knight 关于英国十九世纪五十至六十年代邮政管理的报告，徐振亚、阮慎康关于徐建寅译著的研究，谨此致谢。

播犁地士母席庵
British Museum
大英博物馆

　　技术的力量不需要翻译和解释。两次鸦片战争，洋人，特别是英国人的船坚炮利，给中国士大夫留下了深刻的印象。以后接踵而来的内乱外患，大清社稷几乎不保。承认也好，不承认也好，整个知识阶级都感觉到了这个千年不遇的大变局；祖宗的成法，圣贤的教导，都必须面对这一变局。何以治，何以乱，如何富国强兵，如何安内攘外，成了人人关心的大题目。答案很快就找到了，而且简直是明摆着的：洋人器具精良，非我所敌。从前线溃败下来的兵勇口中，从朝廷正式刊发的邸报中，这是不争的事实，郭嵩辈早在十年前就知道了。但是现在，在英国亲眼目睹，亲身感受到火车轮船的便利，电报、电话的快捷，工厂机器的几乎无穷尽的制造能力，郭嵩焘辈渐渐地走向了下一个层面的问题：那么技术的力量又是从何而来的呢？这不是一个容易注意到的问题，当然更不容易回答。

光绪三年二月初九，即 1877 年 3 月 23 日，游大英博物馆。这是英国官方安排的一次欢迎中国大使的正式活动，郭嵩焘、刘锡鸿以及各位帮办、翻译官，全数前往，而英国方面也有内政大臣助理、大使以及诸多官员陪同。前一天，恰有日本人上野景范和西德二郎来中国大使馆，晤谈之后，才知道西德能说六七种语言。郭嵩焘当晚在日记中写道："东西洋人才之盛，百倍中国，岂国运然耶，抑使人才各尽其用，而遂勃然以兴也？"换言之，郭嵩焘想知道，是因为国运通达顺畅使人才得以发展呢，还是因为人才各尽其用而使得国运蓬勃兴盛。郭大使是带着这样的问题走进大英博物馆的。

先看藏书，数十万册，从罗马起，"分别各贮一屋，……有专论乐器者，有专为藏书目录者"，最后走到阅览室，为一圆屋

四围藏书六万卷，中高为圆座，司

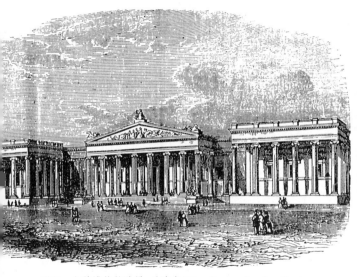

图19　大英博物馆外景。（选自 Elisee Reclus, *Londres illustre*, 1865）

事者处其中，两旁为巨案曲抱，凡三。外皆设长横案，约可容千余人。每日来此观书者六七百人，四围藏书分三层，下一层皆常用之书，听人自取往观，上二层则开具一条授司事者，司事者……分别门类，各向所掌取之。

所谓"司事者"，就是我们今天说的图书管理员。张德彝的记录比郭嵩焘的略为详细一些："堂室相连，重阁叠架，自颠至址，……所藏五大洲舆地历代书籍共七万数千卷，隔架按国分列。"而他所描写的阅览室，是"一大堂，中横案凳，四面环以铁阑，男女观书者二百余人，晨入暮归。书任检读但不令携去。"

一同参观的刘锡鸿的记录约略相似：

英伦有播犁地士母席庵者，大书院也，……地广数百亩，结构数百楹，中央堂室连延，重阁叠架，……据威妥玛等所指说，大约叙述五大洲舆地，列代战绩者居多，有译出四子书及注，余皆不辨其文字，故未披阅。后一堂，男女观书者三百余人，早入暮归，堂内之书任其检读，但不令携去。

在十九世纪七十年代，大英博物馆的确是世罕其匹的。巴黎的罗浮宫，在书画和艺术珍品方面或者可言抗衡，但以综合博物馆而言，英国人有理由傲视同侪。1753 年汉斯·斯隆（Hans Sloane）勋爵去世，政府利用他的艺术和古书的收藏，筹建博物馆，经安排整理于 1759 年向公众开放。到了十九世纪二十年代，旧有的蒙塔古（Montagu）大楼不敷应用，于是由罗伯特·斯默克勋爵重新设计，在原址建造今馆，至 1852 年才全部完工。这座美轮美奂的大厦是新古典主义建筑的杰作，坐落在伦敦中心的布鲁姆伯利（Bloomsbury）区，向北不远是伦敦大学，附近还有皇家戏剧学院、医学博物馆，真正称得上是人文荟萃的首选之地。博物馆附设的阅览室，当时造价高达六万一千英镑，迟至 1857 年才竣工，其建筑方案出自安东尼·帕尼兹（Anthony Panizzi），为斯默克所采用。这是一个别出心裁的设计，整个阅览室呈圆形，上为高 106 英尺（约 32 米）的半球形圆顶，横跨直径 140 英尺（约 43 米）的阅览室中心区，即郭嵩焘上文所说的"司事者"的工作场所。从这一中心呈放射形排列十八条书案，可容三百人阅读写作。阅览室四周的书架分三层，上两层犹如大剧院的楼厅，读者如有索求，图书管理员为往取阅，最下一层是八万多册常用书，陈放架上，"听人自取往观"，而与阅览室相连的书库中，"重阁叠架"的书架长达 25 英里。这样的设计，这样的规模，这样的管理，自然令同治光绪朝的中国学者瞠目结舌。在今天看来，这反应实在是自然的。

早在十年前，1868 年，王韬就随理雅各

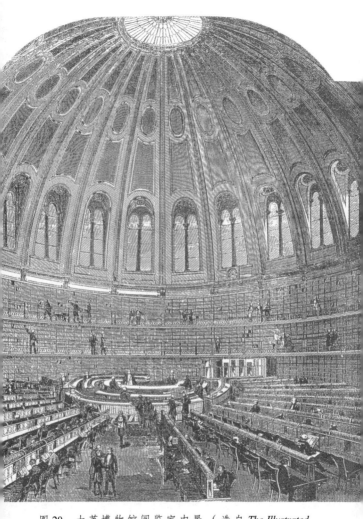

图 20　大英博物馆阅览室内景。(选自 *The Illustrated London News*, 1857 年 5 月 9 日)

来过这间阅览室，但他的记录较之郭嵩焘等人的描写要简略得多：阅览室为一"广堂，排列几椅，可坐数百人。几上笔墨具备，四面环以铁阑。男女观书者，日有百数十人，晨入暮归。书任检读，唯不令携去。"

有趣的是，上文引述的四人都特别注意到，在这一阅览室中，书籍"听人自取"，"任其检读"，而且每天接待的读者，数量常在三五百人。几天以后，光绪三年二月二十二日，张德彝又有机会参观了他称之为那慎那皮克久嘎拉力，即 National Picture Gallery，今译国家画苑。他注意到人民可以到国家画苑学画：

> 楼高数十间，间间油画大小百幅，皆前代及当时名人所绘，饰以金边，悬诸四壁。各间皆有男女摹仿，无不酷肖。……其不禁民来此学画者，于博物院准人看书意同。

所有这些，在中国客人心中引起的震动和困惑恐怕不亚于帕尼兹的大圆顶，但他们的困惑在我们今天看来似乎有些不可解：图书馆当然是供人看书的地方，读书人上图书馆，一如商贩上市场一样，何怪之有？画苑让人临摹，也无特别，何以如此值得特加记录？原来，这儿涉及图书史籍和知识本身的社会功用问题。

　　如果不太严格地把藏书和图书馆混为一谈的话，中国至少在两千年前司马迁的时代就有了图书馆。我们确实知道，司马迁撰写《史记》，很是得益于他可以利用皇家藏书的特权。换言之，当时的图书馆只供宫廷史学家使用，而一般的读书人似乎无缘于此。中国的藏书，的确常以典籍收藏为目的，而对于流通，则没有十分清楚的概念。这倒不仅仅是因为"民可使由之，不可使知之"的政治考量，而且也有文化的因素。即使到了明清，私家藏书已经普遍，有些藏书楼的规模也可以和图书馆相提并论，仍然未闻有关于流通的做法。书仍旧是一种珍藏，仍是少数人所享用的特权。正如后来胡屠户教导他女婿范进时所说的，一旦进了学，就要和一般的平头百姓，做田的、扒粪的，区别开来。书这种尊贵高尚的东西，一旦落入贩夫走卒手中，岂不是坏了学校的规矩？

为什么呢？因为这些人没有受过系统的教育，对于何者为正，何者为邪，没有充分的判断能力，所以难免误解书上的道理，甚至被误导，对他们自己和对国家社会都可能产生不好的后果。刘锡鸿看完大英博物馆阅览室时有一段评论，有助于我们理解这一问题：

> 我朝四库，搜罗皆有关学问政治之要，至精至粹，足式万邦。今英人自矜其藏书八十万卷，目录亦六千卷之多，……其琳琅满目，得毋有择焉而不精者乎？

他的意思是，英国人兼收并蓄，数量虽多但没有达到藏书的目的，所以不如八十多年前乾隆朝编辑纂修的《四库全书》。乾隆在位时正值有清国运鼎隆，文治武功无不辉煌百代，乃仿释道两家，把儒家经书典籍校勘汇总。自十八世纪六十年代起，出皇家宫廷藏书，又组织学养深厚的学者搜集编辑散见于《永乐大典》以及其他私家著作中的古书佚文，恢复原书面貌，又在全国范围内饬令各地官僚广泛征收采进，鼓励藏书家献出所藏珍本，凡十年，得书万余种。于是建四库馆，择学问淹博、文字通达的学者充任馆臣，校雠版本考究文字，是正讹谬，去取褒贬，得三千五百余种，按经史子集的传统分类法，编成我国有史以来最大的丛书，是为《四库全书》。

乾隆编辑《四库全书》的目的，据他自己说是"稽古右文"。但在编辑过程中，屡兴文字狱，对于与当时政治不合的"违碍文字"确实是极尽扫荡铲除之能事，在所得万余种书籍中，仅三分之一被采纳，这当然很难说是稽古右文。可是刘锡鸿认为，这些所收录的，正是"有关学问政治之要，至精至粹"，所以比洋人的求多求全，精芜杂陈来得好。乾隆的做法，是要通过这一甄选，告诉士人哪些是好书，可读，哪些是坏书，不可读，从而树立好的学问的形象，规范读书人的思想，从而完善文治。无怪乎在我们可以看见的早期关于大英博物馆的文字中，人人认为书籍"任其检读"是一件很可骇异的事了。

说实在的，博物馆的阅览室除了硕大无朋的圆顶和书籍任人检读之外，不远万里从中国来的客人们的确看不出什么别的门道了。且不论文化背景的深刻差异，单是刘锡鸿说的"不辨其文字"，就几乎是不可逾越的障碍。好在转出阅览室，郭大使一行马上被介绍到器物展览馆，这就容易多了。先看古器竹木，鸟兽虫鱼螺蚌，古磁陶瓦，"兽骨高丈余"，各种植物化石，"皆《尔雅》所不载，西洋自为之名。"又有各国画图珍玩，动植物标本，各国所用什物兵器。但展览馆如此之大，展品如此之多，中国客人看了三个多钟头，仍然"未能遍游。每至一院，亦但浏览及之。"

郭嵩焘这一天的日记特别详细，长达两千五百多字。他尤其留心提到的，是这样一个博物馆，"纵民人入观，以资其考览。博文稽古之士，亦可于所藏各古器，考知其年代远近，与其物流传本末，以知其所出之地。而所藏遍及四大部洲，巨石古钟，不惮数万里致之。魄力之大，亦实他国所不能及也。"称赞羡慕之情溢于言表。郭大使的这一类言行常被指为媚外，他以后将为此付出很重的代价，险些被当作汉奸。他的翻译官张德彝很小心地同意了郭大使的赞誉，陪同参观后，他在日记中写道："夫英之为此，非令人观看以悦目怡情也。该人限于方域，阻于时代，……见闻不能追及千古。"

副使刘锡鸿的记录和感想稍有不同，似乎更多地顾及了中国的传统和体面：

> 举凡天地间所有之鸟兽鳞介，草木谷果，山川之精英，渊丛之怪异，《博物志》所不及载，《珍玩考》所不及辨，《格古论要》所不及详，莫不云布星陈，各呈其本然之体质。……夫英之为此，非徒夸其富有也。凡人限于方域，阻于时代，足迹不能遍及五洲，耳目不能追及前古，虽读书知有是物是名，究未得一睹形象，知之非真。……今博采旁搜，综万汇而悉备之一庐，……放门纵令百姓男女往观，所以佐读书之不逮，而广其识也。英人之多方求洗荒陋如此。

刘的这段话其实很值得玩味。"英人之多

方求洗荒陋如此"，这到底是贬还是褒真让人一时说不上来。英人荒陋，固不待言，但荒陋如英人者竟能以如此的努力摆脱其荒陋的一面，力争上游，应当不是可耻的事。细看上文的叙述，刘锡鸿对洋人的既鄙薄又敬畏的矛盾心情，跃然纸上。仅仅五年前，刘锡鸿曾宣扬养兵无益，洋炮轮船不足学造，被王湘绮（王闿运）称赞为"持论甚严"；二三年前，即同治十二至十三年间，在关于"筹办海防"的讨论中，他又反对广泛普及机器，因为"募人学习机器，辗转相教，机器必满天下，其以此与官军对垒者，恐不待滋事之洋匪也"，"故仁义忠信可遍令人习之，机巧军械万不可令人习之也。"他的意思是说，知识不能随便普及；万一一般老百姓掌握了知识，可能为刁民所用，和官府对抗，所以不如不让他们知道来得好。到了英国，看了现代科学技术文化发明以后，他的想法似乎有些松动，觉得大英博物馆开门"纵令百姓男女往观，所以佐读书之不逮，而广其识"，也是洗涤荒陋的一个办法。案锡鸿常有行为委琐，思想顽冥，言论保守之名，而竟然终究无法完全否认洋人的做法，这是件很有意思的事。细看他对博物馆，连同他关于火车、电报乃至声光电化之类的实学的评论，可以发现一个有趣的论说逻辑：大英博物馆果然不错，阅览室也可让人增广见识，但是这实在不是什么可以吓死人的东西，充其量不过是英人"求洗荒陋"而已。这或者可称为是一种"退两步进一步"的招架战术，比起他国内的同志如倭仁（倭艮峰）之流洋洋洒洒动辄万言的议论，锡鸿实在说不上是理直气壮。

锡鸿是身不由己。他的想法受他的文化背景和哲学信念的约束，他的眼睛却不受他的想法的约束。事实的力量实际上很难抗拒；或者说，事实会以一种不可抗拒的力量来逼迫人承认他们所看见的东西。日日夜夜所闻所见，不断刷新和改变这些去国万里，深入异域的人们的想法和观念。

光绪三年三月二十六日郭嵩焘一行参观南肯辛顿博物院。在各国建筑馆中，古今中外亭厦塔阁，"奇丽宏壮"，不可胜述。尤其是一张巨幅壁画，尽收各国的高楼，"以礼拜堂为最"，绘制辉煌，让郭大使大开眼界，真觉得天外有天："伦敦已有高至五十丈者，南京琉璃报恩塔，其高得半而已。"同年四月十九日又参观伦敦国王学院（King's College London）的博物馆，遍观其藏书、矿物标本和生物化石。主持人还进一步告诉郭大使，大英博物馆所藏更多，而且"其所藏岁有增加，每年添置各种以十余万镑为率，收藏安得不富？"然后是金银珍宝、玩具、乐器、兵器，乃至错绣针黹，迫于时间有限，郭大使仅仅是略为浏览而已。最后到"画院"，有展览，有教习，有男女学员，"各以其全神注之，……曲尽其妙。"郭大使了解到，像这样的一个博物馆，岁销约二百万镑，而单单画院就要花费三十万镑。大使感叹说："西洋专以教养人才为急务，安得不日盛一日？"

人才，人才，在郭嵩焘看来，什么是人才，怎样的人才才能使国家富强、人民幸福呢？就在这一年的十一月，他提到了"意国之格力里渥"，今译伽利略：

> 悬钟用摆，始于意国之格力里渥，即百年前精通天文之学者也。偶至一礼拜堂，见悬灯为风所扬，摆动迟速，或远或近，……而其迟速以绳之长短为准，……是以引绳定分秒，而可以知长短尺寸之度。……皆以一心运之而有余，西洋机器，出鬼入神，其源皆自推算始也。

在科学史上，这个关于伽利略与钟摆的故事和牛顿与苹果的故事同样有名。郭嵩焘驻节伦敦，日与马格理辈聚谈，听说过这一奇谈并不令人意外。可以留心的倒是，在谈论伽利略时，嵩焘竟一语中的地说出洋人的出鬼入神，"其源皆自推算始"，这有些让人吃惊。十几天后，在日记中他又更详细地让我们了解到他对西洋科学进程和人才的看法：

> 英国讲实学者，肇自比耕。始之，欧洲文字起于罗马而盛于希腊，西土言学问皆宗之。比耕亦学剌丁希腊之学，久之悟其所学皆虚也，无适于实用，始讲求格物致知之说，名之曰新学。当时亦无甚信从者。同时言天文有格力里渥，亦创为新说，谓日不动而地绕之以动。……而天文士纽登[①]生于一千六百四十二年，与格力里渥之卒同时。……欧洲各国日趋于富强，推求其源，皆学问考核之功也。

这儿说的比耕即培根，说他是英国实验科学鼻祖，当称精当。虽然下文把希腊罗马的时间先后说颠倒了，并把哥白尼误记为伽利略，但科学革命的线索和意义竟然是具体而微了。十六世纪中叶，我们今天称之为科

----

① 纽登即 Newton，今译牛顿。编者注

学的东西在西洋文化中开始萌芽发展。哥白尼的日心说常被说成是这一进程的石破天惊的起点。我们现在知道，他主要得力于阿拉伯天文学的一些成果和他的数学造诣。丹麦人第谷（Tycho Brache）的观测资料帮助了开普勒（Johannes Kepler）对行星运动的研究，使他修正了哥白尼的学说，得出了与观测一致的结果。为了说明这种运动，伽利略、笛卡尔以及牛顿最终不得不引进了一个叫作"力"的奇怪的假定，建立了我们今天说的经典力学。在这一历时一个半世纪的科学革命中，科学并没有显示任何的实用性。当时的学者研究科学，主要是为了理解宇宙的秘密；而理解宇宙的秘密，是为了理解上帝。当时普遍认为，上帝通过两条途径展示他的无所不能和无所不在：一是文字的启示，即《圣经》所传达的消息，二是工作的启示，即他所创造出来的宇宙所表达的井然的秩序。从文艺复兴后期到科学革命时代，学者孜孜然于"the Book of Word"和"the Book of Work"，就是相信通过这样的研究，我们可以理解上帝；而通过理解上帝，我们可以最终地走进他的王国。当郭嵩焘从洋人那儿听见这些实学鼻祖的大名时，他一定自然而然地肃然起敬。他当然没有可能了解到，这些伟大人物在研究力学时，关心的不是人的肌肉，而是人的灵魂。

一个星期以后，郭嵩焘得读张力臣（张自牧）《蠡测卮言》，又见到一例实学有益于实用的故事。有感而发，他写道："明季英人吉利巴始悟电气，……嗣是迭相祖述，电学大著。至道光时英人……始创设电报。"他随即以举一反三的方式，考察了中国和日本的维新道路，然后自问自答道："国之富强岂有常哉？唯人才胜而诸事具举，日新月盛，不自知耳。"这正印证了他在二月二十九日在皇家学院看化学表演以后对英国的感想："此邦学问日新不已，实因勤求而乐施以告人，鼓舞振兴，使人不倦，可谓难矣。"

中国传统文化对于书籍学问，侧重其社会功用。但是这儿所谓的社会功用，在西洋实学传入以前，却有特定的说法。读书首先是为了明理，然后是"学而优则仕"，出将入相，为国为民为社会做些好事。一言以蔽之，读书是为了用，或者修身养性，或者治国安邦，从而可以不朽；做了一肚子没有用的学问，在我们中国人看来，是最可笑的。由此出发，在中国文化中，纯知识或为知识而知识的玩意儿，就没有容身之地。这是我们文化中延绵持续，经久不绝的一个基本信念。即便在光绪年出洋，亲眼看见维多利亚时代的科学技术，以及由此而创造出来的奇迹的中国人当中，多数还是从"实用"这一角度理解和赞扬洋人这套声光电化的。张德彝或者可以看作是一个典型的代表。他在日记中总结说：

　　按英国以天文，地理，电学，火学，气学，光学，化学，重学等为实学。虽云彼之实学皆杂技之小者，其用可由小至大。如有天文知日月五星距地之远近，行动之迟速，日月合璧，日月交食，彗星杂星何时伏见，以及风云雷雨何所由来。由地理知万物之由生，山水之远近，邦国之多寡。由电学知天地间何物生电，何物可以防电。……由化学重学辨五金之气，识珍宝之苗，知水火之力，因而创火机，制轮船火车以省人力，日行千里，工比万人，穿山航海，掘地挖河，陶冶制造，以及耕织，……外国不讲风水，知日进者国富兵强，能努力实学者已豪富家昌。

在他看来，实学的好处在于有用，有实用。这其实和我们的传统看法相去并不远。但是反过来，如果有什么学问不能证明其在现实中的实用价值，那么这种学问，如果还可以称作学问的话，就没有价值。不必真正去作学究式的考证，我们先前在讨论天文时曾提到过，就在八百多年前，中国文化鼎盛的宋代，欧阳修、司马光、王安石以及几乎整个知识阶层，就因为关于天象的研究不能为国家社会提供任何有意义的贡献，从而不约而同地拒绝了对天体运动的研究。他们的政见可以完全对立，他们对于怎样富国强兵可以有完全不同的政策，但他们在拒绝无助于治国安邦的任何没有实用价值的关于天象的知识这一点上是完全一致的；所可以理解接受的，只是有关授时制历的那一小部分。张德彝称赞、服膺、宣扬实学，并非因为他的见解比欧阳、司马高多少，而是因为他有机会亲眼目睹了这些学问在社会生活中所表现出来的巨大物质力量，正好而且仅仅是在这一意义上，他认为实学是有用的好东西。

要张德彝、刘锡鸿去理解科学启迪人民智慧、规范社会生活的文化意义，当然是苛求。后来严复倒是很留意这一点。他的《天演论》，与其说是在介绍达尔文，不如说是在发挥他所理解的社会进化论，至于其他几部严译名著，则更明白地提示了他的启蒙运动的取向，只是在当时的中国，曲高和寡；而大家对西学的理解仍旧走了实学的路子，一窝蜂地研究声光电化，对于科学的文化意义，仍旧不甚了然。其实平心而论，即使在今天，知识的实用性在我们大部分人作去取褒贬的考虑时，仍然是一个主要的甚至是唯一的考虑。

本章写作时参考了 *Illustrated London News*，1857 年 5 月 9 日介绍新建的大英博物馆阅览室的新闻报导。

结　语

　　毋庸讳言，这个我们现在称作科学的怪物是西洋文化的产物。希腊哲学之于所谓的科学精神，对上帝的追求之于早期天文学的发展，影响深刻久远；中世纪神学对信仰的执着和对理性的诉求，翻译运动所带来的阿拉伯世界在两三个世纪里积累起来的知识，文艺复兴所掀起的对人体和世俗生活的兴趣，汇聚在一起形成了科学革命；而科学革命所造就的发现方法和研究规范，连同科学本身，又和以后的资本主义经济相得益彰，构成了现代生活的主干。科学成长的每一步，无不和西洋哲学、宗教、历史、经济密切相连，就像草木植根土壤，与大地密切相连，不可须臾或分一样。

斌椿、王韬、郭嵩焘、张德彝、刘锡鸿在 1870 年前后看见的科学，是一棵已经生长了两百多年的盘根错节的大树。他们首先注意到的，是枝叶茂盛花果奇异；他们很难，或许根本没有可能去了解这棵参天大树当年是怎样由一小颗树籽萌发，破土而出，怎样生长枝干，怎样沐浴春雨，怎样抵御寒风。

图 21 十九世纪中叶英国人想象之中科学向中国传播的情形。（选自 *Punch*，1853 年 9 月 3 日）

他们看见的，是一棵已经长成的大树。这是中国人最初见到科学时的情形。

中国人最初接触所谓的现代科学的这一历史背景对于科学向中国文化的传播扩散过程有深刻而且是清晰可见的影响。中国人首

图22 张德彝回国时携带的两百多本洋书"奉旨存书库，备充公用。"（选自《点石斋画报》，戊，八，五十九，金蟾画）

先看见的，是奇花异果。像所有深入未知地域的探险者一样，这些最初访问英国，接触维多利亚科学的中国人首先做的，是猎奇。科学观念是作为海外奇谈而记录下来的，科学成果及其应用则如同阿里巴巴山洞中的珍宝，闪耀着奇异的光彩，杂乱无章，纷然杂陈，在他们的日记里令人目不暇接。天不动地动的奇谈、致人生病的炭气、因光照而旋转如飞的云母片、灿烂的光谱、遥远的恒星、珍奇禽兽、淫巧机械，在我们所看见的记录中占了一个主要的部分。但是，1870年前后在伦敦街头漫步的，毕竟不是为了消遣而走出家门的旅游者，而是身负国家民族重托的知识精英，所以他们对有利国计民生的东西又投以特别的兴趣，特别关注具有实用价值的科学成果以及由此发展出来的技术。数学之于建造，化学之于养生，电学之于发光照明，电话电报，火车轮船，无不一一详加采录，这较之猎奇又是大大地向前一步了。

但是科学并不仅仅是一堆新奇的玩意儿，不仅仅是一些孤立的结果和结论。科学有其独立的体系，有其系统的结构。要了解这一点就不容易了。在我们看见的关于科学和科学观念的文字中，对科学比较完整的讨论相对说来比较少见。郭嵩焘对西学最少抵触，对新知识常孜孜然，在他的日记中于是还有几处可看。天下元素共六十四品，分若干类；太阳系是怎么回事儿；英国实学起于何人何时，后来又如何发展；诸如此类。但是正如郭嵩焘自己多次感叹的，他对于此类学问，完全无法知晓。究其原因，他自己说的年老事繁当然是一方面，但真正的困难常在于他的整个认知结构和知识体系与现代科学全不相容。值得留心的是，郭的这一类知识，常来自罗稷臣、严又陵（严复）辈的介绍，也就是来自在年龄上比他小一辈，但完整系统地接受过西洋科学教育的留学生。郭嵩焘是想要超越大部分人对科学所作的只见奇花异果的猎奇式的考察，但要真正看清楚整棵大树，弄清枝干的来龙去脉，没有系统的学习，是不可能的。

至于所谓的科学精神，是西洋科学的精髓所在，就更不容易理解洞察了。上帝和先验的理性、逻辑、心物二分和自然规律的观念，绝不可能通过短短几年的培养就可以从西洋完好地移植到温湿水土绝不相类似的中国文化中来。好学如郭嵩焘也好，敏锐如张德彝也好，对科学精神都称蒙昧。即使受过系统训练的罗稷臣辈，也仍懵然于斯，唯有严复，深思高举，颇有意于此。三十年后他的翻译陆续出版，但是毫无准备的中国思想界，对于严译西学的赞赏，仍在他的文笔，追幽凿险，直逼古人而已。稍后革命军兴，国人关注的重点也转移到更加急迫的社会危机，而如西洋紧接科学革命后的启蒙运动，在中国则始终未能健全发育。这种科学精神，是西洋科学和文化之间的纽带，是科学深深植入西洋文化的根本，一如前述，是西洋哲学宗教人文历史的共同基础。唯其与西洋文化联系的深刻和紧密，这种精神也就特别不容易被他种文化理解采纳消化吸收。要郭嵩焘辈看到这一点，自是苛求；即使在一百五十年后的今天，这一精神对于中国文化说来在很大程度上仍旧是一个外在。

所以中国文化对于西洋科学及其观念的反应，有猎取其个别成果、接受其系统知识和理解其文化内涵三个层面。这三个层面在程度上有深浅，在发生时序上有先后，而且相互关系非常复杂。简略地说，这三个层面的反应常不是严格地依次发生的，而是纵横交错，叠加替代；也不是一蹴而就完成的，而是往复跌宕，渐次更新的。而科学作为技艺、作为知识、作为文化向中国文化传播扩散的形式和过程，也常因人，因学科，因时代而异。好骛新奇常为人情所不免，所以在传播过程中这一步常表现得最为自然；其次是技术和工业，作为物化了的科学，为国计民生所要求，其传播扩散势不可挡；至于科学观念以及与之相连的文化，则精深微妙不易理解把握，因而其传播过程也最曲折复杂，而细致的研究，实在不是这本小书所能承担的了。

致　谢

　　普林斯顿大学图书馆惠予借阅查检图书的便利，哈佛大学马天天小姐，匹兹堡大学张海惠小姐帮助查找资料，谨此致谢。

图书在版编目(CIP)数据

海客述奇:中国人眼中的维多利亚科学/吴以义著.—北京:商务印书馆,2017
(文明小史)
ISBN 978 - 7 - 100 - 12581 - 9

Ⅰ.①海… Ⅱ.①吴… Ⅲ.①科学观—研究—中国 Ⅳ.①G301

中国版本图书馆 CIP 数据核字(2016)第 226700 号

海客述奇
——中国人眼中的维多利亚科学
吴以义 著

商 务 印 书 馆 出 版
(北京王府井大街36号 邮政编码100710)
商 务 印 书 馆 发 行
北京新华印刷有限公司印刷
ISBN 978 - 7 - 100 - 12581 - 9

2017 年 4 月第 1 版　　　开本 787×960 1/32
2017 年 4 月北京第 1 次印刷　　印张 7¼

定价:27.00 元